中国石油和化学工业行业规划教材

"十二五"职业教育国家规划教材
经全国职业教育教材审定委员会审定
中国石油和化学工业优秀出版物奖（教材奖）一等奖

化工单元操作实训

第三版

佘媛媛　童孟良　刘绚艳　主编
易卫国　主审

化学工业出版社
·北京·

内容简介

《化工单元操作实训》根据高职教育的特点和要求,围绕技术技能型人才培养目标,以现代工厂情景的实训装置为依托,由企业专家和双师型教师共同开发。采用模块式编写方法,以项目导向法、任务驱动法组织教学内容。实训内容集验证、操作、生产、仿真、演示多个类型于一体,并配有相应的数字化资源,既有单元级项目,又有综合型、仿真型项目。

本教材共分四个模块,内容包括实训知识准备、单元操作实训(流体输送、传热、过滤、蒸发等十个项目)、综合操作实训(管路拆装、超纯水生产等四个项目)和仿真操作实训(离心泵性能曲线测定、流量计的认识和校验等八个项目),每个项目均包含"教、学、做、评"等内容。

本教材开发有与教学内容配套的数字化资源,通过扫描"二维码"可以获取生动直观的微课、动画等相关教学资源。

本教材可作为高职高专化工技术类及相关专业学生的实训教材,亦可供化工企业生产一线的工程技术人员参考。

图书在版编目(CIP)数据

化工单元操作实训/佘媛媛,童孟良,刘绚艳主编. —3版. —北京:化学工业出版社,2020.11 (2024.7重印)
"十二五"职业教育国家规划教材
ISBN 978-7-122-37701-2

Ⅰ.①化… Ⅱ.①佘…②童…③刘… Ⅲ.①化工单元操作-高等职业教育-教材 Ⅳ.①TQ02

中国版本图书馆CIP数据核字(2020)第168714号

责任编辑:旷英姿 提 岩　　　　　文字编辑:刘 璐 陈小滔
责任校对:边 涛　　　　　　　　　装帧设计:张 辉

出版发行:化学工业出版社(北京市东城区青年湖南街13号 邮政编码100011)
印　　装:河北延风印务有限公司
787mm×1092mm 1/16 印张12¼ 字数301千字 2024年7月北京第3版第4次印刷

购书咨询:010-64518888　　　　　售后服务:010-64518899
网　　址:http://www.cip.com.cn
凡购买本书,如有缺损质量问题,本社销售中心负责调换。

定　价:36.00元　　　　　　　　　　　　　　　　版权所有　违者必究

前言

化工单元操作是化工类及相关专业的一门重要的专业技术课,其涉及的知识和技能被广泛应用于化工生产中。

《化工单元操作实训》与《化工单元操作》配套使用。本书根据高职教育的特点、要求和教学实际,围绕技术技能型人才培养目标,不断深化课程内容、教学方法和教学手段的改革,模拟现代工厂情景的生产现场,将实训项目由传统的原理验证型向验证、操作、生产、仿真、演示等多种类、综合型转变,并配套相应的视频资源,注重对学生应用能力、实践技能和综合素质的培养,强化对学生动手能力、应变能力、管理能力、分析解决问题能力的训练。

本教材从上述特点和要求出发,以现代工厂情景的实训装置为依托,采用模块式编写方法,以项目导向法、任务驱动法组织教学内容。全书共分四个模块,包括实训知识准备、单元操作实训、综合操作实训和仿真操作实训,既有单元级项目,又有综合型、仿真型项目。单元操作实训和综合操作实训又分解为多个任务,各任务之间相互关联又相对独立,既有流程认知任务,又有操作和检测任务,能满足不同层次的学习要求。

本教材开发有与教学内容配套的数字化资源,通过扫描"二维码"可以获取生动直观的微课、动画等相关教学资源。

本教材由佘媛媛、童孟良、刘绚艳主编,其中模块一由何灏彦编写;模块二的项目一、二由佘媛媛编写,项目三、四由刘绚艳编写,项目五由梁美东编写,项目六由禹练英编写,项目七由张翔编写,项目八由赵志雄编写,项目九由刘军编写,项目十由廖红光编写;模块三的项目一由侯德顺编写,项目二由李琴编写,项目三、四由童孟良编写;模块四由包巨南编写,全书由易卫国担任主审,佘媛媛统稿。在编写过程中,得到了湖南化工职业技术学院、湘江涂料集团公司(高级工程师刘寿兵等)、浙江中控科教仪器设备有限公司、杭州言实科技有限公司、中国石化巴陵石化分公司(高级技师李练昆等)、北京东方仿真软件技术有限公司领导和同仁们的大力支持和悉心指导,在此表示衷心感谢。

由于编者水平所限,书中不妥之处在所难免,欢迎读者批判指正。

编 者
2020 年 5 月

第一版前言

化工单元操作是化工类及相关专业的一门重要的专业基础课，其涉及的知识和技能被广泛应用于化工生产中。

根据高职教育的特点和要求，化工单元操作需不断深化课程内容、教学方法和教学手段的改革，突出对学生应用能力、实践技能和综合素质的培养，强化学生动手能力、应变能力和管理能力的训练。

本教材从上述特点和要求出发，采用模块法编写方式，以任务驱动法、项目导向法组织教材内容，实训内容从单一的验证型向验证、操作、生产、仿真、演示等多种类、综合型方面转变。

本书的模块一、二、五由何灏彦编写，模块三（项目三～七）、四由童孟良编写，模块三的项目一、二由包巨南编写，全书由何灏彦统稿，由易卫国主审。本书在编写过程中，得到了北京东方仿真软件技术有限公司及湖南化工职业技术学院领导和同仁们的大力支持和悉心指导，在此表示衷心的感谢。

由于编者水平所限，书中不妥之处在所难免，欢迎读者批评指正。

编 者
2008 年 4 月

第二版前言

化工单元操作（又名化工原理）是化工类及相关专业的一门重要的专业技术课，其涉及的知识和技能被广泛应用于化工生产中。

根据高职教育的特点和要求，化工单元操作课程需改革课程内容、教学方法和教学手段，突出对学生应用能力、实践技能和综合素质的培养，强化学生动手能力、应变能力、管理能力的训练。

本书从上述特点和要求出发，由企业专家和双师型教师共同开发，采用模块法编写方式，以项目导向法、任务驱动法组织教材内容，实训项目从单一的验证型向验证、操作、生产、仿真、演示等多种类、综合型转变，每一项目包含"实训任务、实训知识准备、实训装置与流程认知、实训操作步骤及注意事项、实训数据记录与数据处理、实训考评、实训报告要求、实训问题思考"等内容，实行"过程性评价与终结性评价"相结合的考核方式。

为便于学生自主学习，我们在"世界大学城"网站建立了内容丰富、资料齐全的课程网络资源库，网址 http://www.worlduc.com/SpaceShow/Index.aspx?uid=260117。

本书由何灏彦、童孟良主编。其中模块一、模块二的项目一至项目五由何灏彦编写，项目六至项目十由赵志雄编写，项目十一至项目十四由廖红光编写；模块三的项目一、项目二由侯德顺编写，项目三至项目八由刘寿兵（湖南湘江涂料集团公司高级工程师）编写，模块四由童孟良编写，模块五由包巨南编写。全书由易卫国担任主审，何灏彦统稿。本书在编写过程中，得到了湖南化工职业技术学院、湖南湘江涂料集团公司、浙江中控科教仪器设备有限公司、杭州言实科技有限公司、北京东方仿真软件技术有限公司领导和同仁们的大力支持和悉心指导，在此表示衷心感谢。

由于编者水平所限，书中不妥之处在所难免，欢迎读者批评指正。

编　者
2015 年 4 月

目录

模块一　实训知识准备

任务一　认知实训的重要性　002
任务二　掌握实训的基本要求　002
任务三　掌握实训报告的写法　003
任务四　了解数据误差的产生原因和处理方法　003
任务五　熟悉有效数字的运算和数据的记数法　005
任务六　掌握实训数据的测取和记录方法　006
任务七　了解实训数据的整理方法　006
任务八　熟悉实训中的安全知识　006
任务九　熟悉化工单元操作实训室有关规章制度　007

模块二　单元操作实训

项目一　UTS系列流体的输送操作 —— 009

任务一　流体输送流程认知　009
任务二　离心泵输送操作　012
任务三　离心泵性能测定　017
任务四　流体阻力测定　022

项目二　UTS系列换热器的操作 —— 027

任务一　换热流程认知　027
任务二　套管式换热器操作　030
任务三　板式换热器操作　035
任务四　列管式换热器操作　038
任务五　板式与列管式换热器串联操作　043
任务六　板式与列管式换热器并联操作　047

项目三　UTS系列板框压滤机的操作 —— 052

任务一　板框过滤流程认知　052
任务二　泵送板框过滤操作　055
任务三　恒压板框过滤操作　058

项目四　UTS系列蒸发器的操作 —— 061

任务一　蒸发流程认知　061
任务二　膜式蒸发器操作　065

项目五　UTS 系列流化床干燥器的操作 —— 071
任务一　流化床干燥流程认知　071　　　任务二　流化床干燥器操作　074

项目六　UTS 系列吸收-解吸塔的操作 —— 079
任务一　吸收-解吸流程认知　079　　　任务二　吸收-解吸操作　083

项目七　UTS 系列精馏塔的操作 —— 088
任务一　精馏流程认知　088　　　任务二　精馏操作　091

项目八　双精馏塔的操作 —— 099
任务一　双精馏塔流程认知　099　　　任务二　双精馏塔操作　102

项目九　UTS 系列萃取塔的操作 —— 105
任务一　萃取流程认知　105　　　任务二　萃取操作　109

项目十　UTS 系列间歇反应器的操作 —— 114
任务一　间歇反应器流程认知　114　　　任务二　间歇反应器操作　118

模块三　综合操作实训

项目一　化工管路拆装 —— 126

项目二　机、泵拆装 —— 129
任务一　IS 单级单吸离心泵拆装　**129**　　　任务二　离心通风机拆装　134

项目三　超纯水的生产 —— 140

项目四　氧化锌的生产 —— 146
任务一　氧化锌生产流程认知　146　　　任务三　反应釜的构造及操作　151
任务二　喷射式真空泵的操作　149　　　任务四　离心机的操作　153

任务五　板框压滤机的操作　157　　　　任务七　SX_2 系列箱式电阻炉的操作　163
任务六　旋转闪蒸干燥机的操作　160

模块四　仿真操作实训

项目一　离心泵性能曲线测定 —— 169

项目二　流量计的认识和校验 —— 171

项目三　流体阻力实验 —— 173

项目四　传热实验 —— 176

项目五　精馏实验 —— 178

项目六　吸收实验 —— 181

项目七　干燥实验 —— 184

项目八　过滤实验 —— 186

参考文献

模块一

实训知识准备

任务一 认知实训的重要性

"化工单元操作"是化工类及相关专业（如制药、生化、轻工、食品、冶金、环保、能源）一门重要的工程技术课，它以化工生产中属物理加工过程、按操作原理共性归纳成的若干单元操作为课程内容，研究各单元操作的基本原理、工艺计算、典型设备及操作控制，其特点是实践性、应用性强。

"化工单元操作"的课程目标：获得常见化工单元操作过程及设备的基础知识、基本理论和基本计算能力，并受到足够的操作技能训练和职业素质培养，为学习后续专业课程和将来从事工程技术工作，实施操作控制、工艺调整、生产管理奠定知识、技能、素质基础。

① 知识目标 能正确理解各单元操作的基本原理；掌握基本计算公式的物理意义、使用方法和适用范围；了解典型设备的构造、性能和操作原理，并具有设备初步选型及设计的能力。

② 技能目标 熟悉主要单元操作过程及设备的基本计算方法；具有查阅和使用常用工程计算图表、手册、资料的能力；熟悉常见化工单元操作的操作方法；初步具有选择适宜操作条件、寻找强化过程途径和提高设备效能的能力；具有安全环保的意识；具有从过程的基本原理出发，观察、分析、综合、归纳众多影响生产的因素，运用所学知识解决工程问题的学习能力、应用能力、写作能力、创新能力、协作能力。

③ 素质目标 能遵章守纪、认真学习、服从安排、吃苦耐劳、团结协作、严谨求实、勤于钻研、一丝不苟、讲究卫生。

化工单元操作实训就是实现上述目标的一个必不可少的重要教学环节，是学生巩固理论知识、获取工程技能、培养职业素质的重要途径。

化工单元操作实训的主要目的有以下几点：

① 验证有关的化工单元操作理论，巩固并加强对理论的认识和理解；

② 熟悉实训装置的结构、性能和流程，并通过在实训中的操作和观察，掌握一定的操作技能；

③ 通过对实训数据的分析、整理及关联，培养编写实训报告、处理一般工程技术问题和进行生产操作的能力；

④ 树立严肃认真、实事求是的科学态度，养成吃苦耐劳、团结协作的职业素质。

任务二 掌握实训的基本要求

① 学生在参加实训前必须认真阅读实训指导书，清楚地掌握每个实训的具体任务、实训内容和实训所联系的知识，并写出简明的预习报告，经指导教师考查，达到预习要求后，才能允许参加实训。

② 学生进行真实实训前，首先要在电脑上进行仿真实训。

③ 学生实训前应了解、熟悉实训装置的流程和仪器仪表，掌握其操作方法，并按要求进行实训前的检查、准备工作，经教师允许后，才能启动设备。

④ 实训进行过程中，要按操作规程认真、仔细地操作，要在实训记录本上准确、真实地记录原始数据及有关实训现象，并进行理论联系实际的思考。

⑤ 实训结束后，要将实训设备及仪表恢复原状，将周围环境整理干净，并把原始实训记录本交教师审阅，经老师检查批准后，方可离开实训室。

⑥ 撰写实训报告。

任务三 掌握实训报告的写法

实训报告属技术文件范畴，是对学生用文字表达技术资料的一种训练，因此必须用准确的数字、规范的科学用语来书写。在报告中数据应真实、图表应清晰、内容应详细，为今后写好生产报告和科研论文打好基础。

实训报告可在预习报告的基础上完成，其内容主要有以下几点：

① 实训名称；
② 实训报告撰写人、实训同组人及实训日期；
③ 实训任务；
④ 实训相关知识；
⑤ 实训装置与流程；
⑥ 实训操作步骤及注意事项；
⑦ 实训数据记录；
⑧ 实训数据处理，以一组数据处理过程为例，说明数据处理的方法；
⑨ 按实训报告要求对实训结果进行描述或总结；
⑩ 对实训过程或结果进行分析、讨论或思考。

任务四 了解数据误差的产生原因和处理方法

1. 误差的产生和分类

根据误差的性质和产生的原因，可将误差分为系统误差、随机误差、过失误差三类。

（1）系统误差

系统误差是由某些固定不变的因素引起的，这些因素影响的结果永远朝一个方向偏移，其大小及符号在同一组实验测量中完全相同。当实训条件一经确定，系统误差就是一个客观上的恒定值，多次测量的平均值也不能减弱它的影响。误差随实训条件的改变按一定规律变化。产生系统误差的原因有以下几方面：

① 测量仪器方面的因素，如仪器设计上的缺点，刻度不准，仪表未进行校正或标准表本身存在偏差，安装不正确等；

② 环境因素，如外界温度、湿度、压力等引起的误差；

③ 测量方法因素，如近似的测量方法或近似的计算公式等引起的误差；

④ 测量人员的习惯和偏向或动态测量时的滞后现象等，如读数偏高或偏低所引起的误差。

针对以上具体情况，采用改进仪器和实验装置以及提高测试技能予以解决。

(2) 随机误差

它是由某些不易控制的因素造成的。在相同条件下做多次测量，其误差数值是不确定的，时大时小，时正时负，没有确定的规律，这类误差称为随机误差或偶然误差。这类误差产生原因不明，因而无法控制和补偿。

若对某一量值进行足够多次的等精度测量，就会发现随机误差服从统计规律，误差的大小或正负的出现完全是由概率决定的。随着测量次数的增加，随机误差的算术平均值趋近于零，所以多次测量结果的算术平均值将更接近于真值。

(3) 过失误差

过失误差是一种与实际事实明显不符的误差，误差值可能很大，且无一定的规律。它主要是由于实训人员粗心大意、操作不当造成的，如读错数据、操作失误等。

在测量或实训时，只要认真负责是可以避免这类误差的。存在过失误差的观测值在实训数据整理时应该剔除。

2. 精密度和精确度

测量的质量和水平可以用误差概念来描述，也可以用精确度来描述。为了指明误差来源和性质，可分为精密度和精确度。

(1) 精密度

精密度是在测量中所测得的数值重现性的程度。它可以反映随机误差的影响程度，随机误差小，则精密度高。

(2) 精确度

精确度是测量值与真值之间的符合程度。它反映了测量中所有系统误差和随机误差的综合。

如图 1-1 所示的打靶情形，其精密度和精确度分别为：图 1-1(a) 系统误差小，随机误差大，精密度、精确度都不好；图 1-1(b) 系统误差大，随机误差小，精密度很好，但精确度不好；图 1-1(c) 系统误差和随机误差都很小，精密度和精确度都很好。

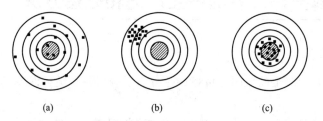

图 1-1　精密度和精确度的关系

3. 真值和平均值

真值是指某物理量客观存在的确定值，它通常是未知的。由于误差的客观存在，真值一般是无法测得的。

测量次数无限多时，根据正负误差出现的概率相等的误差分布定律，在不存在系统误差的情况下，它们的平均值极为接近真值。故在实验科学中真值的定义为无限多次观测值的平均值。但实际测定的次数总是有限的，由有限次数求出的平均值，只能近似地接近于真值，可称此平均值为最佳值。

在化工领域中常用的平均值有下面几种。

(1) 算术平均值

算术平均值最常用。设 x_1、x_2、$\cdots$、x_n 为各次的测量值，n 代表测量次数，则算术平均值为

$$\bar{x} = \frac{x_1 + x_2 + \cdots + x_n}{n} = \frac{\sum\limits_{i=1}^{n} x_i}{n} \tag{1-1}$$

(2) 均方根平均值

$$\bar{x}_{均方根} = \sqrt{\frac{x_1^2 + x_2^2 + \cdots + x_n^2}{n}} = \sqrt{\frac{\sum\limits_{i=1}^{n} x_i^2}{n}} \tag{1-2}$$

(3) 几何平均值

$$\bar{x}_{几何} = \sqrt[n]{x_1 x_2 \cdots x_n} = \sqrt[n]{\prod_{i=1}^{n} x_i} \tag{1-3}$$

(4) 对数平均值

$$\bar{x}_{对数} = \frac{x_1 - x_2}{\ln x_1 - \ln x_2} = \frac{x_1 - x_2}{\ln \frac{x_1}{x_2}} \tag{1-4}$$

(5) 加权平均值

$$\bar{x}_{加权} = \frac{w_1 x_1 + w_2 x_2 + \cdots + w_n x_n}{w_1 + w_2 + \cdots + w_n} = \frac{\sum w_i x_i}{\sum w_i} \tag{1-5}$$

任务五　熟悉有效数字的运算和数据的记数法

1. 有效数字

实训测量中所使用的仪器仪表只能达到一定的精度，因此测量或运算的结果不可能也不应该超越仪器仪表所允许的精度范围。

有效数字只能具有一位存疑值。不能错误地认为小数点后面的数字越多就越正确，或者运算结果保留位数越多越准确。

2. 科学记数法

用指数形式记数，如：

9140mm 可记为 9.140×10^3 mm；

0.009140km 可记为 9.140×10^{-3} km。

3. 有效数字的运算规则

(1) 加、减法运算

有效数字进行加、减法运算时，有效数字的位数与各因子中有效数字位数最小的相同。

(2) 乘、除法运算

两个量相乘（相除）的积（商），其有效数字位数与各因子中有效数字位数最少的相同。

（3）乘方、开方运算

乘方、开方后的有效数字的位数与其底数相同。

（4）对数运算

对数的有效数字的位数应与其真数相同。

任务六　掌握实训数据的测取和记录方法

实训数据的测取和记录质量的好坏，直接影响到数据处理结果的正确与否。正确测取和记录实训数据应注意以下几个方面。

① 根据内容和要求，事先拟好记录表格。数据记录要尽可能详尽，不能遗漏任一必需的数据。

② 表格中要记录下各项物理量的名称、符号及单位。

③ 要等操作过程稳定后才开始读数。当操作条件发生改变时，要等操作条件再次稳定后才又一次读数。

④ 读数应力求准确和及时，但读数不要超过仪器仪表的精确度。

⑤ 实事求是对待每一个读数，不能随意篡改或舍弃。

任务七　了解实训数据的整理方法

实训数据中各变量的关系可表示为列表式、图示式和函数式。

① 列表式。将实训数据制成表格。它显示了各变量间的对应关系，反映出变量之间的变化规律。它是标绘曲线的基础。

② 图示式。将实训数据绘制成曲线。它直观地反映出变量之间的关系。在报告与论文中几乎都能看到，而且为整理成数学模型（方程式）提供了必要的函数形式。

③ 函数式。借助于数学方法将实训数据按一定函数形式整理成方程即数学模型。

任务八　熟悉实训中的安全知识

① 注意安全用电。为了防止电气设备的漏电而发生触电事故，电气设备必须采取接地保护措施；严禁用湿手去接触电闸、开关和电气设备；严禁超负荷用电；尽量不要两手同时接触电气设备的金属外壳以防漏电；操作电负荷较大的设备时，最好穿胶底鞋或塑料底鞋。

② 防止可燃物的燃烧，如精馏实训室中的无水乙醇；未经许可不许在实训室启用明火，更不许抽烟。

③ 防止机械创伤、烫伤、碰伤、摔伤、扭伤等意外事故的发生。严禁将手或头发接触设备正在转动的部位，如转动中的泵轴、风机叶片；严禁用手接触高温水蒸气或物料；严禁在实训室发生拥挤现象，不许穿高跟鞋、拖鞋。

④ 确保高压设备和气瓶（如水蒸气锅炉、CO_2 载气瓶等）的安全，防止爆炸事故的发生。

⑤ 防止化学药品对人体产生危害，注意实训室的通风，必要时可戴上口罩等防护用品。

任务九　熟悉化工单元操作实训室有关规章制度

1. 实训室安全制度

① 实训室是教学、科研的重要场所，对于安全工作要给予高度重视。应该定期检查实训室的安全工作，消除事故隐患。

② 实训室应配备必要的消防器材并放于明显位置以便使用；实训室全体人员应能正确使用灭火器，发现火险隐患及时报告处置，发生火灾主动扑救，及时报警。

③ 实训室老师下班时应清理好器材、工具，检查各室门、窗、水、电是否关好，发现破损或故障及时维修、报告。

2. 实训室卫生制度

① 实训室应有专人负责卫生工作，经常打扫，定期检查。

② 保持门、窗、玻璃、地板、墙面、家具、实训台及各种设施的整齐清洁。

③ 实训仪器设备应布置合理，完好整洁，化学药品放置合理，整洁，无泄漏。

④ 实训室通风良好，门口及走廊不准堆放杂物，要求整洁畅通。

3. 实训室学生实训守则

① 爱护实训室设备、仪器，未经教师许可，不得乱动实训设备、仪器、阀门以及电气设备。

② 实训室内各实训专用的仪器、仪表、资料等，用完后须维持原状，未经许可不得私自携出室外或随意乱放。

③ 实训时注意力要集中，损坏的仪器设备要酌情赔偿。

④ 在实训室内不准嬉笑打闹，不许吸烟，违者按违反学校纪律处理。

⑤ 实训中出现问题或意外事故，应及时找实训指导教师处理，以保证实训教学的正常进行。

⑥ 实训结束后，将实训设备、仪表恢复原状，切断电源，关好自来水和风机。最后清理好本实训台，经教师同意后方可离开实训室。

4. 仪器设备管理制度

① 实训室设备一般不允许借出，各实训室互借要进行登记。

② 仪器设备及附件定位存放。

③ 仪器设备如有损坏、丢失要写出报告，说明原因、过程，分清责任，及时上报。因违章造成的损失，要按有关规定进行赔偿。

④ 仪器设备的说明书由各实训室老师管理，借出要登记并按时归还。

模块二

单元操作实训

项目一
UTS系列流体的输送操作

项目描述

某化工厂需要将低位槽中丙烯酸通过离心泵先送至高位槽,再送入吸收塔。要求实训室内模拟完成此输送任务,包括开车、停车、离心泵性能测定及流体阻力测定。

项目分析

完成此输送任务首先须熟练掌握该装置流体输送的工艺流程,然后再实施离心泵输送流体的操作与控制。离心泵的性能以及输送管路的阻力大小将直接影响流体输送的效果。因此,本项目分流体输送流程认知、离心泵输送操作、离心泵性能测定及流体阻力测定四个子任务来完成。

任务一 流体输送流程认知

一、实训任务

① 熟练掌握流体输送的工艺流程。
② 掌握离心泵的结构及工作原理。
③ 认知管路管件、阀门及仪表的结构,了解其工作原理。

二、实训流程认知

(1) 常压流程

UTS系列流体输送装置流程如图2-1所示。将原料槽V101料液输送到高位槽V102,有三种途径:由1#泵或2#离心泵单独输送;1#泵和2#泵串联输送;1#泵和2#泵并联输送。高位槽V102内料液通过三根平行管(一根可测离心泵特性、一根可测直管阻力、一根可测局部阻力),进入吸收塔T101上部,与下部上升的气体充分接触后,从吸收塔底部排出,返回原料槽V101循环使用。

空气由空气压缩机C101压缩,经过缓冲罐V103后,进入吸收塔T101下部,与液体充分接触后顶部放空。

(2) 真空流程

本装置配置了真空流程,主物料流程如常压流程。关闭1#泵P101和2#泵P102的灌

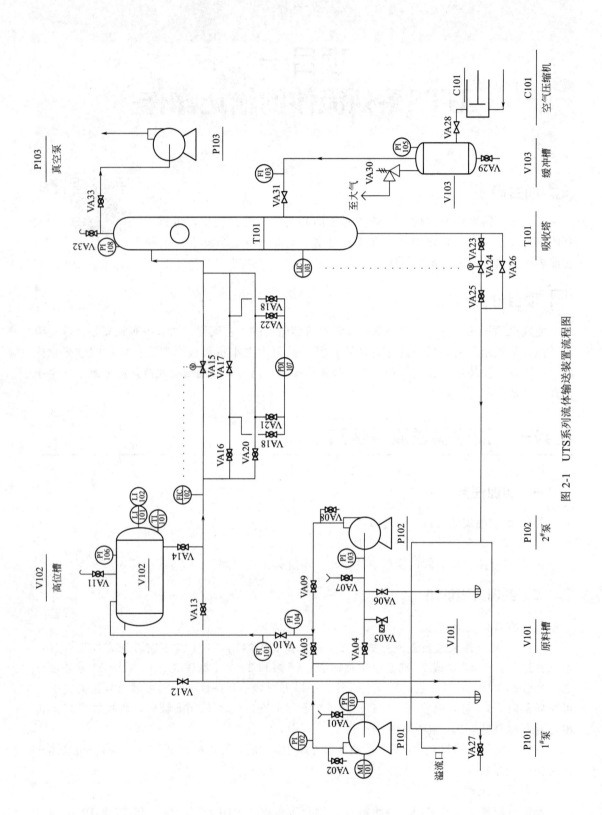

图 2-1　UTS系列流体输送装置流程图

泵阀，关闭高位槽 V102、吸收塔 T101 的放空阀和进气阀，启动真空泵 P103，被抽出的系统物料气体由真空泵 P103 抽出放空。

三、设备及阀门认知

（1）主要静设备

名称	规格/mm	容积(估算)/L	材质	结构形式
吸收塔	$\phi 325 \times 1300$	110	304 不锈钢	立式
高位槽	$\phi 426 \times 700$	100	304 不锈钢	立式
缓冲罐	$\phi 400 \times 500$	60	304 不锈钢	立式
原料水槽	$1000 \times 600 \times 500$	3000	304 不锈钢	立式

（2）主要动设备

名称	规格型号	数量
1#泵	离心泵，$P=0.5\mathrm{kW}$，流量 $Q_{max}=6\mathrm{m}^3/\mathrm{h}$，$U=380\mathrm{V}$	1
2#泵	离心泵，$P=0.5\mathrm{kW}$，流量 $Q_{max}=6\mathrm{m}^3/\mathrm{h}$，$U=380\mathrm{V}$	1
真空泵	旋片式，$P=0.37\mathrm{kW}$，真空度 $P_{max}=-0.06\mathrm{kPa}$，$U=220\mathrm{V}$	1
空气压缩机	往复空压机，$P=2.2\mathrm{kW}$，流量 $Q_{max}=0.25\mathrm{m}^3/\mathrm{min}$，$U=220\mathrm{V}$	1

（3）阀门

编号	名称	编号	名称
VA01	1#泵灌泵阀	VA18	局部阻力管高压引压阀
VA02	1#泵排气阀	VA19	局部阻力管低压引压阀
VA03	并联 2#泵支路阀	VA20	光滑管阀
VA04	双泵串联支路阀	VA21	光滑管高压引压阀
VA05	电磁阀故障点	VA22	光滑管低压引压阀
VA06	2#泵进水阀	VA23	进电动调节阀手动阀
VA07	2#泵灌泵阀	VA24	吸收塔液位控制电动调节阀
VA08	2#泵排气阀	VA25	出电动调节阀手动阀
VA09	并联 1#泵支路阀	VA26	吸收塔液位控制旁路手动阀
VA10	流量调节阀	VA27	原料槽排水阀
VA11	高位槽放空阀	VA28	空压机送气阀
VA12	高位槽溢流阀	VA29	缓冲罐排污阀
VA13	高位槽回流阀	VA30	缓冲罐放空阀
VA14	高位槽出口流量手动调节阀	VA31	吸收塔气体入口阀
VA15	高位槽出口流量电动调节阀	VA32	吸收塔放空阀
VA16	局部阻力管阀	VA33	抽真空阀
VA17	局部阻力阀		

四、实训考评

"流体输送流程认知"考核评分表

实训者姓名：　　　　　装置号：　　　　日期：　　　　得分：

评价内容	配分	评 分 说 明	备 注
操作规范 80分	设备、仪表、阀门的指认与介绍（20分）	设备：离心泵、高位槽、吸收塔、真空泵、压缩机等 仪表：流量计、压力表、温度计等 阀门：球阀、截止阀、闸阀等	随机抽取指认
	工艺流程口头描述（60分）	1. 单泵输送流程（原料槽-高位槽-吸收塔-原料槽） 2. 双泵串联输送流程（原料槽-高位槽-吸收塔-原料槽） 3. 双泵并联输送流程（原料槽-高位槽-吸收塔-原料槽） 4. 真空抽送流程（原料槽-高位槽-吸收塔） 5. 空气压送流程（吸收塔底-吸收塔顶）	根据描述情况酌情打分
职业素养 20分	安全生产、节约、环保（20分）	1. 养成按6S（整理、整顿、清扫、清洁、修养、安全）管理要求的工作习惯，操作过程中进行设备的定置和归位，保持工作现场的清洁，及时排出废液并进行清洗 2. 具有安全用水用电的意识，操作前进行水、电、气检查 3. 具备安全生产意识，按现场要求穿戴劳动保护用品，保持加热设备旁不摆放易燃易爆物质的习惯 4. 具备节能意识，对非常温设备和管路采取保温措施 5. 养成良好的操作习惯，经常检查各设备和阀门状态，不得擅离工作岗位，不乱动现场电源开关、阀门 6. 如实记录现场环境、条件和数据等，数据需完整、规范、真实、准确（记录结果弄虚作假扣全部安全环保分20分）	与评审专家顶撞等态度恶劣者本项记0分

五、实训报告要求

① 绘制流体输送工艺流程图。
② 简单说明流体输送工艺流程。

六、实训问题思考

① 实际生产中，输送流程一般是单泵还是双泵？
② 真空输送设备有哪些？相对于常压输送有何优势？
③ 加压输送设备有哪些？相对于常压输送有何优势？

任务二　离心泵输送操作

一、实训任务

① 掌握流体输送工艺流程，训练实际化工生产的操作技能。
② 实现液相输送、气相输送、真空输送，进行故障的判断和排除。
③ 掌握流量计、压力表、截止阀、球阀等仪表阀门的使用。

二、工艺指标

UTS 系列流体输送装置流程如图 2-1 所示。

(1) 压力控制

离心泵进口压力（表压）：$-15\sim-6$ kPa；

$1^{\#}$ 泵单独运行时出口压力（表压）：$0.15\sim0.27$ MPa（流量为 $0\sim6$ m³/h）；

两台泵串联时出口压力（表压）：$0.27\sim0.53$ MPa（流量为 $0\sim6$ m³/h）；

两台泵并联时出口压力（表压）：$0.12\sim0.28$ MPa（流量为 $0\sim7$ m³/h）。

(2) 液位控制

吸收塔液位：$1/3\sim1/2$。

三、实训操作

1. 开车前准备

① 由相关操作人员组成装置检查小组，对本装置所有设备、管道、阀门、仪表、电气、照明、分析、保温等按工艺流程图要求和专业技术要求进行检查。

② 检查所有仪表是否处于正常状态。

③ 检查所有设备是否处于正常状态。

④ 试电：a. 检查外部供电系统，确保控制柜上所有开关均处于关闭状态；b. 开启外部供电系统总电源开关；c. 打开控制柜上空气开关；d. 打开装置仪表空气开关，打开仪表电源开关，查看所有仪表是否上电、指示是否正常；e. 将各阀门顺时针旋转操作到关的状态，检查孔板流量计正压阀和负压阀是否均处于开启状态（实验中保持开启）。

⑤ 加装实训用水。关闭原料水槽排水阀（VA25），原料水槽加水至浮球阀关闭，关闭自来水。

2. 开车

(1) 离心泵开车基本操作步骤

① 实训之前需要对离心泵进行灌泵。打开灌水阀，往灌水口里灌水，等排水口有水时，说明灌泵工作完成，再关闭灌水阀。

② 水泵的启动。先关闭离心泵出口流量调节阀，再按下离心泵启动按钮，启动离心泵，正常工作时离心泵启动按钮绿灯亮。

③ 改变流量调节阀的开度，调节水的流量。

(2) 流体输送路线

① 单泵操作（$1^{\#}$ 泵）

方法一：开阀 VA03，开溢流阀 VA12，关阀 VA04、阀 VA06、阀 VA09、阀 VA13、阀 VA14，放空阀 VA11 适当打开。液体直接从高位槽流入原料水槽。

方法二：开阀 VA03，关溢流阀 VA12，关阀 VA04、阀 VA06、阀 VA09、阀 VA11、阀 VA13、阀 VA12、阀 VA16、阀 VA20、阀 VA18、阀 VA21、阀 VA19、阀 VA22、阀 VA17、阀 VA33、阀 VA31。放空阀 VA32 适当打开，打开阀 VA14、阀 VA23、阀 VA25 或打开旁路阀 VA26（适当开度），液体从高位槽经吸收塔流入原料水槽。

启动 $1^{\#}$ 泵，开阀 VA10（泵启动前关闭，泵启动后根据要求开到适当开度），由阀

VA10 或电动调节阀 VA15 调节液体流量分别为 $2m^3/h$、$3m^3/h$、$4m^3/h$、$5m^3/h$、$6m^3/h$、$7m^3/h$，在仪表盘或监控软件上观察离心泵特性数据。等待一定时间后（至少 5min），记录相关实验数据。

② 泵并联操作

方法一：开阀 VA03、阀 VA09、阀 VA06、阀 VA12，关阀 VA04、阀 VA13、阀 VA14，放空阀 VA11 适当打开。液体直接从高位槽流入原料水槽。

方法二：开阀 VA03、阀 VA09、阀 VA06，关溢流阀 VA12，关阀 VA04、阀 VA11、阀 VA13、阀 VA12、阀 VA16、阀 VA20、阀 VA18、阀 VA21、阀 VA19、阀 VA22、阀 VA17、阀 VA33、阀 VA31。放空阀 VA32 适度打开，打开阀 VA14、阀 VA23、阀 VA25 或打开旁路阀 VA26（适当开度），液体从高位槽经吸收塔流入原料水槽。

启动 1# 和 2# 泵，由阀 VA10（泵启动前关闭，泵启动后根据要求开到适当开度）或电动调节阀 VA15 调节液体流量分别为 $2m^3/h$、$3m^3/h$、$4m^3/h$、$5m^3/h$、$6m^3/h$、$7m^3/h$，在仪表盘或监控软件上观察离心泵特性数据。等待一定时间后（至少 5min），记录相关实验数据。

③ 泵串联操作

方法一：开阀 VA04、阀 VA09、阀 VA06、阀 VA12，关阀 VA03、阀 VA13、阀 VA14，放空阀 VA11 适当打开。液体直接从高位槽流入原料水槽。

方法二：开阀 VA04、阀 VA09、阀 VA06，关溢流阀 VA12，关阀 VA03、阀 VA11、阀 VA13、阀 VA12、阀 VA16、阀 VA20、阀 VA18、阀 VA21、阀 VA19、阀 VA22、阀 VA17、阀 VA33、阀 VA31。放空阀 VA32 适度打开，打开阀 VA14、阀 VA23、阀 VA25 或打开旁路阀 VA26（适当开度），液体从高位槽经吸收塔流入原料水槽。

启动 1# 和 2# 泵，由阀 VA10（泵启动前关闭，泵启动后根据要求开到适当开度）或电动调节阀 VA15 调节液体流量分别为 $2m^3/h$、$3m^3/h$、$4m^3/h$、$5m^3/h$、$6m^3/h$、$7m^3/h$，在仪表盘或监控软件上观察离心泵特性数据。等待一定时间后（至少 5min），记录相关实验数据。

④ 泵的联锁投运

a. 切除联锁，启动 2# 泵至正常运行后，投运联锁。

b. 设定好 2# 泵进口压力报警下限值，逐步关小阀门 VA10，检查泵运转情况。

c. 当 2# 泵有异常声音产生、进口压力低于下限时，操作台发出报警，同时联锁启动：2# 泵自动跳闸停止运转，1# 泵自动启动。

d. 保证流体输送系统的正常稳定运行。

注意：投运时，阀 VA03、阀 VA06、阀 VA09 必须打开，阀 VA04 必须关闭；当单泵无法启动时，应检查联锁是否处于投运状态。

⑤ 真空输送　在离心泵处于停车状态下进行：

a. 开阀 VA03、阀 VA06、阀 VA09、阀 VA14。

b. 关阀 VA12、阀 VA13、阀 VA16、阀 VA20、阀 VA23、阀 VA25、阀 VA24、阀 VA26、阀 VA17、阀 VA18、阀 VA21、阀 VA22、阀 VA19，并在阀 VA31 处加盲板。

c. 开阀 VA32、阀 VA33（适当开度）后，再启动真空泵，用阀 VA32、阀 VA33 调节吸收塔内真空度，并保持稳定。

d. 用电动调节阀 VA15 控制流体流量，使在吸收塔内均匀淋下。

e. 当吸收塔内液位达到 1/3～2/3 范围时，关闭电动调节阀 VA15，开阀 VA23、阀 VA25，并通过电动调节阀 VA24 控制吸收塔内液位稳定。

⑥ 配比输送　以水和压缩空气作为配比介质，模仿实际的流体介质配比操作。以压缩空气的流量为主流量，以水作为配比流量。

a. 检查阀 VA31 处的盲板是否已抽除，阀 VA31 是否在关闭状态。

b. 开阀 VA32、阀 VA03，关溢流阀 VA12，关阀 VA04、阀 VA28、阀 VA31、阀 VA06、阀 VA09、阀 VA11、阀 VA13、阀 VA12、阀 VA16、阀 VA20、阀 VA18、阀 VA21、阀 VA19、阀 VA22、阀 VA17、阀 VA33、阀 VA31。放空阀 VA32 适度打开，打开阀 VA14、阀 VA23、阀 VA25 或打开旁路阀 VA26（适当开度），液体从高位槽经吸收塔流入原料水槽。

c. 按上述步骤启动 1# 水泵，调节 FIC102 流量在 $4m^3/h$ 左右，并调节吸收塔液位在 $1/3\sim2/3$。

d. 启动空气压缩机，缓慢开启阀 VA28，观察缓冲罐压力上升速度，控制缓冲罐压力 $\leqslant 0.1MPa$。

e. 当缓冲罐压力达到 0.05MPa 以上时，缓慢开启阀 VA31，向吸收塔送空气，并调节 FI103 流量（标况）在 $8\sim10m^3/h$。

f. 根据配比需求，调节 VA32 的开度，观察流量大小。

3. 停车

① 按操作步骤分别停止所有运转设备，先关闭离心泵后阀，再停止离心泵。

② 打开阀 VA11、阀 VA13、阀 VA14、阀 VA16、阀 VA20、阀 VA32、阀 VA23、阀 VA25、阀 VA26、阀 VA24，将高位槽 V102、吸收塔 T101 中的液体排空至原料水槽 V101。

③ 检查各设备、阀门状态，做好记录。

④ 关闭控制柜上各仪表开关。

⑤ 切断装置总电源。

⑥ 清理现场，做好设备、电气、仪表等防护工作。

4. 紧急停车

遇到下列情况之一者，应紧急停车处理：①泵内发出异常的声响；②泵突然发生剧烈振动；③电机电流超过额定值持续不降；④泵突然不出水；⑤空压机有异常的声音；⑥真空泵有异常的声音。

5. 故障判断与排除

(1) 离心泵进口加水加不满

在流体输送正常操作中，教师给出隐蔽指令，改变离心泵的工作状态（离心泵进口管漏水），学生通过观察离心泵启动时的变化情况，分析引起系统异常的原因并作处理，使系统恢复到正常操作状态。

(2) 真空输送不成功

在流体输送正常操作中，教师给出隐蔽指令，改变真空输送的工作状态（真空放空，真空保不住），学生通过观察吸收塔内压力（真空度）、液位等参数的变化情况，分析引起系统异常的原因并作处理，使系统恢复到正常操作状态。

(3) 吸收塔压力异常

在流体输送正常操作中，教师给出隐蔽指令，改变空压机的工作状态（空压机跳闸），学生通过观察吸收塔液位、压力等参数的变化情况，分析引起系统异常的原因并作处理，使系统恢复到正常操作状态。

四、实训数据记录

流体输送实训操作报表

装置号：_____ 操作员：_____ _____年_____月_____日

序号	时间	高位槽液位 /mm	泵出口流量 /(L/h)	1#泵进口压力 /kPa	1#泵出口压力 /MPa	2#泵进口压力 /kPa	2#泵出口压力 /MPa	缓冲罐压力 /MPa	压缩空气流量 /(m³/h)	吸收塔压力 /MPa	进吸收塔流量 /(L/h)	吸收塔液位 /mm	光滑管阻力 /kPa	局部管阻力 /kPa	泵功率 /kW	泵功率转速 /(r/min)	操作记事
1																	
2																	
3																	
4																	
5																	
6																	
7																	
8																	
9																	
10																	

异常情况记录：

五、实训考评

"离心泵输送操作"考核评分表

实训者姓名：_____ 装置号：_____ 日期：_____ 得分：_____

评价内容	配分	评 分 说 明	备 注
操作规范 80分	开车准备(20分)	1. 现场设备、仪表、阀门检查 2. 试电检查，包括设备控制柜、空气开关、仪表电源等 3. 原料准备	
	开车操作及运行(40分)	1. 灌泵排气 2. 将阀门调至正确状态 3. 开泵，调节后阀开度将流体流量控制至合适范围 4. 切换不同输送路线	
	停车操作(20分)	1. 关闭泵后阀 2. 停泵 3. 打开放空阀及卸液阀，排气排积水，将液位排至原料槽 4. 检查设备、阀门状态，做好记录 5. 关闭控制柜仪表电源开关，切断总电源，清理现场	
职业素养 20分	安全生产、节约、环保(20分)	1. 养成按6S(整理、整顿、清扫、清洁、修养、安全)管理要求的工作习惯，操作过程中进行设备的定置和归位，保持工作现场的清洁，及时排出废液并进行清洗 2. 具有安全用水用电的意识，操作前进行水、电、气检查 3. 具备安全生产意识，按现场要求穿戴劳动保护用品，保持加热设备旁不摆放易燃易爆物质的习惯 4. 具备节能意识，对非常温设备和管路采取保温措施 5. 养成良好的操作习惯，经常检查各设备和阀门状态，不得擅离工作岗位，不乱开现场电源开关、阀门 6. 如实记录现场环境、条件和数据等，数据需完整、规范、真实、准确(记录结果弄虚作假扣全部安全环保分20分)	与评审专家顶撞等态度恶劣者本项记0分

六、实训报告要求

① 认真、如实填报操作报表。
② 总结流体输送操作经验，重点分析输送路线进行切换的操作要点。

七、实训问题思考

① 流体输送时，在什么情况下采用串、并联及真空操作？
② 提高流体流速的方法有哪些？
③ 如何做到安全、有效地进行流体输送操作？
④ 流体输送过程中如何做到节能、环保？

任务三　离心泵性能测定

一、实训任务

① 了解离心泵的结构与特性。
② 熟悉离心泵的操作使用方法。
③ 掌握离心泵特性的测定方法和特性曲线的绘制方法。
④ 掌握压力表、功率表、涡轮流量计等仪表的使用方法。

二、实训知识准备

离心泵的主要性能参数有流量 Q（也叫送液能力）、扬程 H（也叫压头）、轴功率 N 和效率 η。在一定的转速下，离心泵的扬程 H、轴功率 N 和效率 η 均随实际流量 Q 的大小而改变。通常用水通过实训测出 Q-H、Q-N 及 Q-η 之间的关系，并以三条曲线分别表示出来，这三条曲线被称为离心泵的特性曲线，如图 2-2 所示。

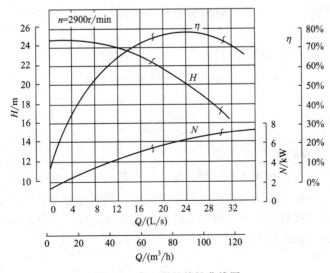

图 2-2　离心泵的特性曲线图

离心泵的特性曲线是确定泵适宜的操作条件和选用离心泵的重要依据。但是，离心泵的特性曲线目前还不能用解析方法进行精确计算，仅能通过实验来测定。

(1) 流量 Q 的测定

用转子流量计测量流量，L/h。

(2) 扬程 H 的测定与计算

在泵进、出口取 1—1、2—2 截面，列伯努利方程，得：

$$H=\frac{p_2-p_1}{\rho g}+Z_2-Z_1+\frac{u_2^2-u_1^2}{2g} \tag{2-1}$$

式中 p_1，p_2——泵进、出口的压强，Pa；

ρ——流体密度，kg/m^3；

u_1，u_2——泵进、出口的流速，m/s；

g——重力加速度，m/s^2；

Z_1，Z_2——泵进、出口测压点的高度，m。

当泵进、出口管径相同时，式(2-1) 可简化为：

$$H=\frac{p_2-p_1}{\rho g}+Z_2-Z_1=\frac{p_2-p_1}{\rho g}+h_0 \tag{2-2}$$

由式(2-2) 可知：只要直接读出真空表和压力表上的数值，就可以计算出泵的扬程。

(3) 轴功率 N 的测量与计算

用功率表测量泵的电机的输入功率 $N_电$，再用式(2-3) 计算轴功率 N：

$$N=\eta_电 N_电 \tag{2-3}$$

式中 N——泵的轴功率，W；

$N_电$——电机功率，由功率表读出，W；

$\eta_电$——电机的传动效率，本实训取为 0.7。

(4) 效率 η 的计算

泵的效率 η 是泵的有效功率 N_e 与轴功率 N 的比值。有效功率 N_e 是单位时间内流体自泵得到的有效功，轴功率 N 是单位时间内泵从电机得到的功，两者差异反映了水力损失、容积损失和机械损失的大小。

泵的有效功率 N_e 可用式(2-4) 计算：

$$N_e=\frac{QH\rho g}{3600} \tag{2-4}$$

故

$$\eta=\frac{QH\rho g}{3600N}\times100\% \tag{2-5}$$

(5) 转速改变时的换算

泵的特性曲线是在指定转速下的数据，就是说在某一特性曲线上的一切数据点，其转速都是相同的。但是，实际上感应电动机在转矩改变时，其转速会有变化，这样随着流量的变化，多个实训点的转速将有所差异，因此在绘制特性曲线之前，须将实测数据换算为平均转速下的数据。换算关系如式(2-6)～式(2-9) 所示。

流量

$$Q'=Q\frac{n'}{n} \tag{2-6}$$

扬程
$$H' = H\left(\frac{n'}{n}\right)^2 \qquad (2\text{-}7)$$

轴功率
$$N' = N\left(\frac{n'}{n}\right)^3 \qquad (2\text{-}8)$$

效率
$$\eta' = \frac{Q'H'\rho g}{N'} = \frac{QH\rho g}{N} = \eta \qquad (2\text{-}9)$$

Q'、H'、N'、η'为平均转速下的性能计算值，用它们在坐标纸上绘制该泵的特性曲线。

三、实训操作步骤及注意事项

1. 开车前准备

① 由相关操作人员组成装置检查小组，对本装置所有设备、管道、阀门、仪表、电气、照明、分析、保温等按工艺流程图要求和专业技术要求进行检查。

② 检查所有仪表是否处于正常状态。

③ 检查所有设备是否处于正常状态。

④ 试电：a. 检查外部供电系统，确保控制柜上所有开关均处于关闭状态；b. 开启外部供电系统总电源开关；c. 打开控制柜上空气开关；d. 打开装置仪表空气开关，打开仪表电源开关，查看所有仪表是否上电，指示是否正常；e. 将各阀门顺时针旋转操作到关的状态，检查孔板流量计正压阀和负压阀是否均处于开启状态（实验中保持开启）。

⑤ 加装实训用水。关闭原料水槽排水阀（VA25），原料水槽加水至浮球阀关闭，关闭自来水。

⑥ 对离心泵进行灌泵。打开灌水阀，往灌水口里灌水，等排水口有水时，说明灌泵工作完成，再关闭灌水阀。

2. 开车操作

① 检查阀门状态，开阀 VA03，开溢流阀 VA12，关阀 VA04、阀 VA06、阀 VA09、阀 VA13、阀 VA14，放空阀 VA11 适当打开。液体直接从高位槽流入原料水槽。

② 水泵的启动。先关闭离心泵出口流量调节阀，再按下离心泵启动按钮，启动离心泵，这时离心泵启动按钮绿灯亮，开始进行离心泵实训。

③ 改变流量调节阀的开度，调节水的流量。从流量最大往流量减少的方向做实训，每次务必要等到流量稳定时再读数，否则会引起数据不准。记录 12 个流量下的实训数据。

3. 停车操作

① 实训完毕，关闭泵的流量调节闸阀，按下仪表柜上的"水泵停止"按钮，停止水泵的运转。

② 将高位槽液体排空至原料水槽。

③ 检查各设备、阀门状态，做好记录。

④ 关闭控制柜上各仪表开关。

⑤ 切断装置总电源。

⑥ 清理现场，做好设备，电气，仪表等防护工作。

4. 工艺指标

（1）压力控制

离心泵进口压力（表压）：$-15 \sim -6\text{kPa}$；

1#泵单独运行时出口压力（表压）：0.15～0.27MPa（流量为0～6m³/h）。

（2）流体流量

2～7m³/h。

5. 注意事项

① 启动水泵前一定要对泵进行灌水。

② 千万不要将手及其他物品伸向转动中的泵轴。

四、实训数据记录与数据处理

1. 数据记录

离心泵性能测试数据记录

装置号：_____ 操作员：_____ _____年_____月_____日

离心泵型号：_____ 两测压点位差 h_0：_____ 泵进口管径：_____ 泵出口管径：_____

水的温度：初温_____℃，终温_____℃，平均温度_____℃

序号	流量 $Q/(m^3/h)$	电机功率 $N_电/kW$	转速 $n/(r/min)$	$p_{真空表}/MPa$	$p_{压力表}/MPa$
1					
2					
3					
4					
5					
6					
7					
8					
9					
10					

2. 计算结果

离心泵性能测试数据处理

装置号：_____ 操作员：_____ _____年_____月_____日

序号	流量 $Q/(m^3/h)$	扬程 H/m	轴功率 N/kW	效率 $\eta/\%$
1				
2				
3				
4				
5				
6				
7				
8				
9				
10				

五、实训考评

"离心泵性能测定"考核评分表

实训者姓名：　　　　装置号：　　　　日期：　　　　得分：

评价内容	配分	评 分 说 明	备 注
操作规范 80 分	开车准备(20 分)	1. 现场设备、仪表、阀门检查 2. 试电检查,包括设备控制柜、空气开关、仪表电源等 3. 原料准备	
	开车、运行及停车操作(40 分)	1. 灌泵排气 2. 将阀门调至正确状态 3. 开泵,调节后阀开度来调节流量大小,准确记录相应特性参数 4. 关后阀,停泵,排气排积水 5. 检查设备、阀门状态,做好记录。关闭控制柜仪表电源开关,切断总电源,清理现场	
	数据记录(20 分)	1. 原始记录完整、准确、规范 2. 数据处理正确、完整 3. 参数控制均在实训要求安全范围之内	
职业素养 20 分	安全生产、节约、环保(20 分)	1. 养成按 6S(整理、整顿、清扫、清洁、修养、安全)管理要求的工作习惯,操作过程中进行设备的定置和归位,保持工作现场的清洁,及时排出废液并进行清洗 2. 具有安全用水用电的意识,操作前进行水、电、气检查 3. 具备安全生产意识,按现场要求穿戴劳动保护用品,保持加热设备旁不摆放易燃易爆物质的习惯 4. 具备节能意识,对非常温设备和管路采取保温措施 5. 养成良好的操作习惯,经常检查各设备和阀门状态,不得擅离工作岗位,不乱动现场电源开关、阀门 6. 如实记录现场环境、条件和数据等,数据需完整、规范、真实、准确(记录结果弄虚作假扣全部安全环保分 20 分)	与评审专家顶撞等态度恶劣者本项记 0 分

六、实训报告要求

① 在同一张坐标纸上描绘一定转速下的 H-Q、N-Q、η-Q 曲线。
② 分析实训结果,判断泵较为适宜的工作范围。
③ 分析离心泵特性曲线的变化趋势。

七、实训问题思考

① 试从所测实训数据分析,离心泵在启动时为什么要关闭出口阀门？
② 启动离心泵之前为什么要引水灌泵？如果灌泵后依然启动不起来,你认为可能的原因是什么？
③ 为什么用泵的出口阀门调节流量？这种方法有什么优缺点？是否还有其他方法调节流量？
④ 泵启动后,出口阀如果打不开,压力表读数是否会逐渐上升？为什么？

⑤ 正常工作的离心泵，在其进口管路上安装阀门是否合理？为什么？

⑥ 试分析，用清水泵输送密度为 $1200kg/m^3$ 的盐水（忽略黏度的影响），在相同流量下你认为泵的压力是否变化？轴功率是否变化？

任务四　流体阻力测定

一、实训任务

① 掌握流体流经圆形直管和阀门时阻力损失（压力降）的测定方法。
② 测定直管摩擦系数 λ 与雷诺数 Re 的关系。
③ 测定流体流经阀门时的局部阻力系数 ξ。
④ 了解流体流动中能量损失的变化规律和影响因素，寻找降低阻力损失（压力降）的方法。

二、实训知识准备

流体在管内流动时，由于黏性剪应力和涡流的存在，不可避免地要消耗一定的机械能，这种机械能的消耗包括流体流经直管的直管阻力和因流体流动方向改变所引起的局部阻力（如管路的进口、出口、弯头、阀门等）。

流体流动管路主要由管子、管件和阀件构成，也包括一些附属于管路的管架、管卡、管撑等辅件。管子按管材不同可分为金属管、非金属管和复合管。金属管主要有铸铁管、钢管（含合金钢管）和有色金属管等；非金属管主要有陶瓷管、水泥管、玻璃管、塑料管、橡胶管等；复合管指的是金属与非金属两种材料复合得到的管子，最常见的形式是衬里管。

1. 直管阻力的测定

流体在水平等径圆管中作定态流动时，阻力损失表现为压力的降低。
在两测压点取 1—1、2—2 截面，列伯努利方程：

$$gZ_1+\frac{u_1^2}{2}+\frac{p_1}{\rho}+W_e=gZ_2+\frac{u_2^2}{2}+\frac{p_2}{\rho}+h_f \quad (kJ/kg) \tag{2-10}$$

式中　gZ_1，gZ_2——1—1，1—2 截面处流体的位能，kJ/kg；
　　　$u_1^2/2$，$u_2^2/2$——1—1，1—2 截面处流体的动能，kJ/kg；
　　　p_1/ρ，p_2/ρ——1—1，1—2 截面处流体的静压能，kJ/kg；
　　　W_e——1—1，1—2 截面间流体所获得的有效机械能，kJ/kg；
　　　h_f——1—1，1—2 截面间流体阻力损失的能量，kJ/kg。

因为实训中　$Z_1=Z_2$、$u_1=u_2$、$W_e=0$，

所以　$h_f=\dfrac{p_1-p_2}{\rho}=\dfrac{\Delta p}{\rho}$，而 $h_f=\lambda\dfrac{l}{d}\dfrac{u^2}{2}$，

故：

$$\lambda=\frac{2}{\rho}\frac{d}{l}\frac{\Delta p}{u^2} \tag{2-11}$$

式中　λ——直管摩擦系数；

d——圆管的内径，m；

Δp——流体流经直管两测量点间的压力降，Pa；

l——直管两测量点间的长度，m；

ρ——待测流体的密度，kg/m³；

u——流体流经直管的流速，可由 $u=\dfrac{4V_s}{\pi d^2}$ 求取，m/s。

再计算出各流量下的 Re 值（$Re=\dfrac{du\rho}{\mu}$），在双对数坐标纸上可标绘出 λ 与 Re 的关系。

2. 局部阻力（阻力系数法）的测定

流体通过某一管件或阀门时的阻力损失用流体在管路中的动能系数来表示，这种计算局部阻力的方法，称为阻力系数法。

由于管件两侧距测压孔间的直管长度很短，引起的直管阻力与局部阻力相比，可以忽略不计，因此局部阻力 h'_f 值可应用伯努利方程由压差计读数求取，即：

$$h'_f=\xi\dfrac{u^2}{2}=\dfrac{\Delta p'}{\rho} \tag{2-12}$$

$$\xi=\dfrac{2\Delta p'}{\rho u^2} \tag{2-13}$$

式中　ξ——局部阻力系数，无量纲；

u——流体流经直管的流速，可由 $u=\dfrac{4V_s}{\pi d^2}$ 求取，m/s；

V_s——流体流经直管的流量，m³/s；

ρ——待测流体的密度，kg/m³；

$\Delta p'$——流体流经某一管件或阀门时两测量点的压力降，Pa。

三、实训操作步骤及注意事项

1. 开车前准备

① 由相关操作人员组成装置检查小组，对本装置所有设备、管道、阀门、仪表、电气、照明、分析、保温等按工艺流程图要求和专业技术要求进行检查。

② 检查所有仪表是否处于正常状态。

③ 检查所有设备是否处于正常状态。

④ 试电：a. 检查外部供电系统，确保控制柜上所有开关均处于关闭状态；b. 开启外部供电系统总电源开关；c. 打开控制柜上空气开关；d. 打开装置仪表空气开关，打开仪表电源开关，查看所有仪表是否上电，指示是否正常；e. 将各阀门顺时针旋转操作到关的状态，检查孔板流量计正压阀和负压阀是否均处于开启状态（实验中保持开启）。

⑤ 加装实训用水。关闭原料水槽排水阀（VA25），原料水槽加水至浮球阀关闭，关闭自来水。

⑥ 对离心泵进行灌泵。打开灌水阀，往灌水口里灌水，等排水口有水时，说明灌泵工作完成，再关闭灌水阀。

2. 开车操作

(1) 光滑管阻力测定

在单泵操作的基础上,启动 1#泵,开阀 VA03、阀 VA14、阀 VA20、阀 VA21、阀 VA22、阀 VA23、阀 VA25、旁路阀 VA26,关阀 VA04、阀 VA09、阀 VA06、阀 VA13、阀 VA16、阀 VA17、阀 VA18、阀 VA19、电动调节阀 VA15、阀 VA33、阀 VA31,阀 VA32 适度打开。用阀 VA10(泵启动前关闭,泵启动后根据要求开到适当开度)或电动调节阀 VA15 调节流量分别为 $1m^3/h$、$1.5m^3/h$、$2m^3/h$、$2.5m^3/h$、$3m^3/h$,记录光滑管阻力测定数据。

(2) 局部阻力测定

由上述操作状态切换,即:启动 1#泵,开阀 VA03、阀 VA14、阀 VA16、阀 VA18、阀 VA19、阀 VA23、阀 VA25、旁路阀 VA26,关阀 VA04、阀 VA09、阀 VA06、阀 VA13、阀 VA20、阀 VA21、阀 VA22、电动调节阀 VA15、阀 VA33、阀 VA31,阀 VA32 适度打开。用阀 VA10(泵启动前关闭,泵启动后根据要求开到适当开度)或电动调节阀 VA15 调节流量分别为 $1m^3/h$、$1.5m^3/h$、$2m^3/h$、$2.5m^3/h$、$3m^3/h$,记录局部阻力测定数据。

3. 停车操作

① 实训完毕,关闭泵的流量调节阀,按下仪表柜上的"水泵停止"按钮,停止水泵的运转。

② 将高位槽、吸收塔液体排空至原料水槽。

③ 检查各设备、阀门状态,做好记录。

④ 关闭控制柜上各仪表开关。

⑤ 切断装置总电源。

⑥ 清理现场,做好设备、电气、仪表等防护工作。

4. 工艺指标

(1) 压力控制

离心泵进口压力:$-15\sim-6kPa$。

(2) 压降范围

光滑管阻力压降:$0\sim7kPa$(流量为 $0\sim3m^3/h$);

局部阻力管阻力压降:$0\sim22kPa$(流量为 $0\sim3m^3/h$)。

(3) 流体流量

$0\sim3m^3/h$。

(4) 液位控制

吸收塔液位:$1/3\sim1/2$。

5. 注意事项

① 启动水泵前一定要对泵进行灌水。

② 千万不要将手及其他物品伸向转动中的泵轴。

四、实训数据记录与数据处理

1. 数据记录

流体阻力测定数据记录

装置号：_____　操作员：_____　_____年_____月_____日
光滑管管径_____　管长_____
水的温度：初温_____℃，终温_____℃，平均温度_____℃

序号	光滑管阻力测定		闸阀局部阻力测定	
	流量 L/h	$\Delta P/kPa$	流量 L/h	$\Delta P/kPa$
1				
2				
3				
4				
5				
6				
7				
8				
9				
10				
11				

2. 计算结果

流体阻力测定数据处理

装置号：_____　操作员：_____　_____年_____月_____日

序号	光滑管阻力测定				闸阀局部阻力测定	
	流速/(m/s)	压降/Pa	Re	λ	流速/(m/s)	ξ
1						
2						
3						
4						
5						
6						
7						
8						
9						
10						
11						

五、实训考评

"流体阻力测定"考核评分表

实训者姓名：　　　　装置号：　　　　日期：　　　　得分：

评价内容	配分	评分说明	备注
操作规范 80 分	开车准备(20分)	1. 现场设备、仪表、阀门检查 2. 试电检查，包括设备控制柜、空气开关、仪表电源等 3. 原料准备	
	开车、运行及停车操作(40 分)	1. 灌泵排气 2. 将阀门调至正确状态 3. 开泵，调节后阀开度来调节流量大小，准确记录相应流体阻力 4. 关后阀，停泵，排气排积水 5. 检查设备、阀门状态，做好记录。关闭控制柜仪表电源开关，切断总电源，清理现场	
	数据记录(20分)	1. 原始记录完整、准确、规范 2. 数据处理正确、完整 3. 参数控制均在实训要求安全范围之内	
职业素养 20 分	安全生产、节约、环保(20 分)	1. 养成按 6S（整理、整顿、清扫、清洁、修养、安全）管理要求的工作习惯，操作过程中进行设备的定置和归位，保持工作现场的清洁，及时排出废液并进行清洗 2. 具有安全用水用电的意识，操作前进行水、电、气检查 3. 具备安全生产意识，按现场要求穿戴劳动保护用品，保持加热设备旁不摆放易燃易爆物质的习惯 4. 具备节能意识，对非常温设备和管路采取保温措施 5. 养成良好的操作习惯，经常检查各设备和阀门状态，不得擅离工作岗位，不乱动现场电源开关、阀门 6. 如实记录现场环境、条件和数据等，数据需完整、规范、真实、准确（记录结果弄虚作假扣全部安全环保分 20 分）	与评审专家顶撞等态度恶劣者本项记 0 分

六、实训报告要求

① 根据光滑管实训结果，在双对数坐标纸上标绘出 $\lambda\text{-}Re$ 曲线。
② 根据局部阻力实训结果，求出闸阀全开时的平均 ξ 值。
③ 对实训结果进行分析讨论，寻找降低阻力损失（压力降）的方法。

七、实训问题思考

① 在对装置做排气工作时，是否一定要关闭流程尾部的流量调节阀？为什么？
② 如何检验测定系统内的空气是否已经被排除干净？
③ 以水做介质所测得的 $\lambda\text{-}Re$ 关系能否适用于其他流体？
④ 在不同设备上（包括不同管径）、不同水温下测定的 $\lambda\text{-}Re$ 数据能否关联在同一条曲线上？

项目二
UTS系列换热器的操作

项目描述

某化工厂需要将室温的空气加热到50℃后加入到反应釜内。要求实训室内模拟完成此传热任务。

项目二 动画扫一扫

项目分析

要完成此传热任务首先须确定采用的加热剂,工业生产中一般采用热空气或水蒸气作为热源;其次是确定换热器的类型;再次是熟练掌握该换热装置的工艺流程;最后实施传热过程的操作与控制。因此,本项目根据换热器及加热剂选择的不同,分换热流程认知、套管式换热器操作、板式换热器操作、列管式换热器操作、板式与列管式换热器串联操作、板式与列管式换热器并联操作六个子任务来完成。

任务一 换热流程认知

一、实训任务

① 熟悉列管式换热器、套管式换热器、板式换热器的结构。
② 熟练掌握换热工艺流程。
③ 掌握换热装置中安全阀、疏水阀、孔板流量计、转子流量计等阀门、仪表的结构及原理。
④ 了解换热器操作的基本流程。

二、实训知识准备

传热,即热量的传递,是自然界和工程技术领域中普遍存在的一种现象。在工业生产中,要实现热量的交换,需要用到一定的设备,这种用于交换热量的设备称为热量交换器,简称为换热器。

列管式换热器又称管壳式换热器,它具有结构简单、坚固耐用、用材广泛、清洗方便、适用性强等优点,在生产中得到广泛应用,在换热设备中占主导地位。

套管式换热器的优点是结构简单,能耐高压,传热面积可根据需要增减。其缺点是单位传热面积的金属耗量大,管子接头多,检修清洗不方便。

板式换热器的优点是结构紧凑,单位体积设备提供的传热面积大;组装灵活,可随时增减板数;板面波纹使流体湍动程度增强,从而具有较高的传热效率;装拆方便,有利于清洗和维修。其缺点是处理量小;受垫片材料性能的限制,操作压力和温度不能过高。

三、实训装置与流程认知

介质A:空气经增压气泵(冷风风机)C601送到水冷却器E604,调节空气温度至常温后,作为冷介质使用。

介质B:空气经增压气泵(热风风机)C602送到热风加热器E605,经加热器加热至70℃后,作为热介质使用。

介质C:来自外管网的自来水。

介质D:水经过蒸汽发生器R601汽化,产生压力为≤0.2MPa(G)的饱和水蒸气。

传热实训装置流程见图2-3。从冷风风机C601出来的冷风经水冷却器E604及其旁路控温后,分为四路:一路进入列管式换热器E603的管程,与热风换热后放空;二路经板式换热器E602与热风换热后放空;三路经套管式换热器E601内管,与水蒸气换热后放空;四路经列管式换热器E603管程后,再进入板式换热器E602,与热风换热后放空。

从热风风机C602出来的热风经热风加热器E605加热后,分为三路:一路进入列管式换热器E603的壳程,与冷风换热后放空;二路进入板式换热器E602,与冷风换热后放空;三路经列管式换热器E603壳程换热后,再进入板式换热器E602,与冷风换热后放空。其中,热风进入列管式换热器E603的壳程分为两种形式,与冷风并流或逆流。

从蒸汽发生器R601出来的蒸汽,经套管式换热器E601的外管与内管的冷风换热后排空。

各工艺设备参数如下:

列管式换热器:不锈钢,$\phi 260mm \times 1170mm$,$F=1.0m^2$;

板式换热器:不锈钢,$550mm \times 150mm \times 250mm$,$F=1.0m^2$;

套管式换热器:不锈钢,$\phi 500mm \times 1250mm$,$F=0.2m^2$;

水冷却器:不锈钢,$\phi 108mm \times 1180mm$,$F=0.3m^2$;

蒸汽发生器:不锈钢,带安全阀,$\phi 426mm \times 870mm$,加热功率$p=7.5kW$;

热风加热器:不锈钢,$\phi 190mm \times 1120mm$,加热功率$p=4.5kW$;

热风、冷风风机:功率1.1kW/380V,最大风量$Q_{max}=180m^3/h$。

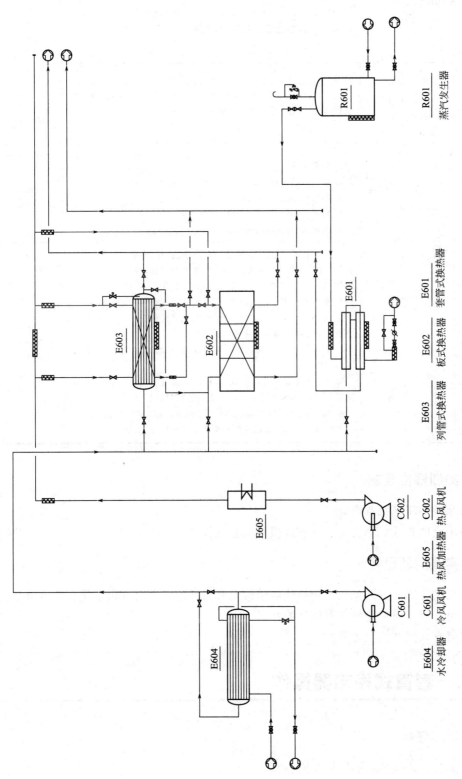

图 2-3　UTS系列传热实训装置流程图

四、实训考评

"换热流程认知"考核评分表

实训者姓名：　　　　装置号：　　　　日期：　　　　得分：

评价内容		配分	评 分 说 明	备 注
操作规范 80分	设备、仪表、阀门的指认与介绍(20分)		设备：板式换热器、套管式换热器、列管式换热器、风机、蒸汽发生器、水冷却器、热风加热器等 仪表：流量计、压力表、温度计、液位计等 阀门：球阀、截止阀、闸阀、疏水阀、安全阀等	随机抽取指认
	工艺流程口头描述(60分)		1. 套管换热流程 2. 板式换热流程 3. 列管换热流程(并流、逆流) 4. 板式、列管串联换热流程 5. 板式、列管并联换热流程	根据描述情况酌情打分
职业素养 20分	安全生产、节约、环保(20分)		1. 养成按6S(整理、整顿、清扫、清洁、修养、安全)管理要求的工作习惯,操作过程中进行设备的定置和归位,保持工作现场的清洁,及时排出换热器中的废液并进行清洗 2. 具有安全用水用电的意识,操作前进行水、电、气检查 3. 具备安全生产意识,按现场要求穿戴劳动保护用品,保持加热设备旁不摆放易燃易爆物质的习惯 4. 具备节能意识,对换热设备和管路采取保温措施,节约使用冷热流体 5. 养成良好的操作习惯,经常检查各设备和阀门状态,不得擅离工作岗位,不乱动现场电源开关、换热器阀门 6. 如实记录现场环境、条件和数据等,数据需完整、规范、真实、准确(记录结果弄虚作假扣全部安全环保分20分)	与评审专家顶撞等态度恶劣者本项记0分

五、实训报告要求

① 绘制换热工艺流程图。
② 简单说明板式、套管式、列管式换热工艺流程。

六、实训问题思考

① 板式、套管式、列管式三种换热器结构上有何差异？各自适用于什么换热场合？
② 将换热串联或并联操作有何优势？
③ 如何有效提高换热效率？

任务二　套管式换热器操作

一、实训任务

① 熟悉套管式换热器的结构及换热原理。
② 熟练掌握套管式换热器DCS控制系统的操作与参数控制。

③ 了解热电阻测温原理及安全阀、疏水阀工作原理。

二、实训操作步骤与注意事项

1. 操作要求

（1）开车准备

① 识读传热实训装置流程图；

② 熟悉现场装置及主要设备、仪表、阀门的位号、功能、工作原理和使用方法；

③ 按照要求制定操作方案；

④ 公用工程（水、电）的引入，并确保正常；

⑤ 检查流程中各管线、阀门是否处于正常开车状态；

⑥ 设备上电，检查各仪表状态是否正常，对动设备进行试车。

（2）开车及正常操作

① 按正确的开车步骤开车，调节空气流量、蒸汽压力到指定值；

② 改变空气流量、蒸汽压力到指定值并重新建立稳定操作；

③ 按照要求巡查装置运行状况，确认并做好记录；

④ 观察正常操作时换热器的操作状况，并指出可能影响其正常操作的因素；

⑤ 按正常操作调节空气出口温度；

⑥ 测定换热器的总传热系数。

（3）停车

① 按正常的停车步骤停车；

② 检查停车后各设备、阀门、蒸汽包的状态，确认后做好记录。

2. 实训步骤

（1）开车前准备

① 由相关操作人员组成装置检查小组，对本装置所有设备、管道、阀门、仪表、电气、保温等按工艺流程图要求和专业技术要求进行检查。

② 检查所有仪表是否处于正常状态。

③ 检查所有设备是否处于正常状态。

④ 试电

a. 检查外部供电系统，确保控制柜上所有开关均处于关闭状态；

b. 开启总电源开关；

c. 打开控制柜上空气开关；

d. 打开装置仪表电源总开关，打开仪表电源开关，查看所有仪表是否上电、指示是否正常；

e. 将各阀门顺时针旋转操作到关的状态。检查孔板流量计正压阀和负压阀是否均处于开启状态（实验中保持开启）。

⑤ 准备原料。接通自来水管，打开阀门 VA29，向蒸汽发生器内通入自来水，到其正常液位的 1/2～2/3 处。

（2）开车及正常运行

① 启动蒸汽发生器 R601 的电加热装置，调节合适加热功率，控制蒸汽压力 PIC605

（0.07～0.1MPa）（首先在监控软件上手动控制加热功率大小，待压力缓慢升高到实验值时，调为自动）。

注意：当液位 LI601≤1/3 时禁止使用电加热器。

② 设备预热：依次开启套管式换热器蒸汽进、出口阀（VA25、VA26、VA22、VA23、VA24），关闭其他与套换热器相连接管路阀门，通入水蒸气，待蒸汽发生器内温度 TI621 和套管式换热器冷风出口温度 TI614 基本一致时，开始下一步操作。注意：首先打开阀门 VA25，再缓慢打开阀门 VA26，观察套管式换热器进口压力 PI606，使其控制在 0.02MPa 以内的某一值。

③ 控制蒸汽发生器 R601 加热功率，保证其压力和液位在实验范围内，注意调节 VA26，控制套管式换热器内蒸汽压力为 0～0.15MPa 之间的某一恒定值。

④ 打开套管式换热器冷风进口阀（VA10），启动冷风风机 C601，调节其流量 FIC601 为某一实验值，开启冷风风机出口阀 VA04，开启水冷却器空气出口阀 VA07，自来水进出口阀（VA01、VA03），通过阀门 VA01 调节冷却水流量，通过阀门 VA06 控制冷风温度，稳定在约 30℃。

⑤ 待套管式换热器冷风进出口温度和套管式换热器内蒸汽压力基本恒定时，可认为换热过程基本平衡，记录相应的工艺参数。

⑥ 以套管式换热器内蒸汽压力作为恒定量，改变冷风流量，从小到大，做 3～4 组数据，做好操作记录。

（3）停车操作

① 停止蒸汽发生器电加热器运行，关闭蒸汽出口阀 VA25、VA26，开启蒸汽发生器放空阀 VA27，开启套管式换热器疏水阀组旁路阀 VA21，将蒸汽系统压力卸除。

② 继续大流量运行冷风风机，当冷风风机出口总管温度接近常温时，停冷风、停冷风风机出口冷却器冷却水。

③ 将套管式换热器残留水蒸气冷凝液排净。

④ 装置系统温度降至常温后，关闭系统所有阀门。

⑤ 切断控制台、仪表盘电源。

⑥ 清理现场，做好设备、管道、阀门维护工作。

3. 各项工艺操作指标

（1）压力控制

蒸汽发生器内压力：0～0.1MPa；

套管式换热器内压力：0～0.05MPa。

（2）温度控制

水冷却器出口冷风温度：0～30℃；

套管式换热器冷风出口温度：40～60℃，高位报警：$H=70℃$。

（3）流量控制

冷风流量：15～60m^3/h。

（4）液位控制

蒸汽发生器液位：200～500mm，低位报警：$L=200$mm。

4. 注意事项

（1）正常操作注意事项

① 经常检查蒸汽发生器运行状况，注意水位和蒸汽压力变化，蒸汽发生器水位不得低于400mm，如有异常现象，应及时处理。

② 经常检查风机运行状况，注意电机温升。

③ 蒸汽发生器不得干烧。

④ 在换热器操作中，首先通入水蒸气对设备预热，待设备进、出温度基本稳定时，再开始传热操作。

⑤ 做好操作巡检工作。

（2）事故处理

实训装置具有异常现象的设计与排除功能，通过计算机隐蔽发出故障干扰信号，能使正常运行的装置出现异常现象。

① 会观察、分析因蒸汽压力过小引起的系统操作异常并恢复至正常操作状态。

② 会观察、分析因换热器中存在不凝气引起的系统操作异常并恢复至正常操作状态。

③ 会观察、分析因换热器中冷凝液未及时排除时引起的异常现象并恢复至正常操作状态。

④ 会观察、分析换热器短路时工艺参数的改变并恢复至正常操作状态。

（3）设备维护

① 风机的开、停、正常操作及日常维护；

② 换热器的构造、工作原理、正常操作及维护；

③ 主要阀门（蒸汽压力调节阀，空气流量调节阀）的位置、类型、构造、工作原理、正常操作及维护；

④ 温度、流量、压力传感器的测量原理；温度、压力显示仪表及流量控制仪表的正常使用及维护。

三、实训数据记录

		套管式换热器实训操作报表									
装置号：_____ 操作员：_____ 年___月___日											
序号	时间	冷风			蒸汽				冷风进口温度/℃	冷风出口温度/℃	管道蒸汽压力/MPa
		水冷却器进口压力/MPa	阀门VA07的开度/%	风机出口流量/(m³/h)	电加热的开度/%	蒸汽压力/MPa	阀门VA29的开度/%	液位/mm			
1											
2											
3											
4											
5											
6											
操作记事											
异常情况记录											

四、实训考评

"套管式换热器操作"考核评分表

实训者姓名：　　　装置号：　　　日期：　　　得分：

评价内容	配分	评分说明	备注
操作规范 80分	开车准备(20分)	1. 现场设备、仪表、阀门检查 2. 试电检查,包括设备控制柜、空气开关、仪表电源等 3. 阀门状态检查 4. 准备原料	
	开车操作及运行(40分)	1. 正确启动蒸汽发生器加热装置,调节合适功率控制蒸汽压力在0.1MPa以下 2. 打通蒸汽路线,打开蒸汽出口阀,预热套管式换热 3. 打通冷风路线,启动冷风机,调节至合适风量 4. 待温度稳定后记录一组数据 5. 继续调节冷风风量,待温度稳定再记录一组数据,要求记录六组数据	
	停车操作(20分)	1. 关闭蒸汽发生器加热装置,关闭蒸汽发生器蒸汽出口阀 2. 关闭冷风机 3. 待蒸气发生器温度降至接近室温,打开放空阀、卸液阀排污 4. 检查设备、阀门状态,做好记录 5. 关闭控制柜仪表电源开关,切断总电源,清理现场	
职业素养 20分	安全生产、节约、环保(20分)	1. 养成按6S(整理、整顿、清扫、清洁、修养、安全)管理要求的工作习惯,操作过程中进行设备的定置和归位,保持工作现场的清洁,及时排出换热器中的废液并进行清洗 2. 具有安全用水用电的意识,操作前进行水、电、气检查 3. 具有安全生产意识,按现场要求穿戴劳动保护用品,保持加热设备旁不摆放易燃易爆物质的习惯 4. 具备节能意识,对换热设备和管路采取保温措施,节约使用冷热流体 5. 养成良好的操作习惯,经常检查各设备和阀门状态,不得擅离工作岗位,不乱动现场电源开关、换热器阀门 6. 如实记录现场环境、条件和数据等,数据需完整、规范、真实、准确(记录结果弄虚作假扣全部安全环保分20分)	与评审专家顶撞等态度恶劣者本项记0分

五、实训报告要求

① 认真、如实填报操作报表。
② 总结套管式换热器操作要点。

六、实训问题思考

① 实训中冷流体和蒸汽的流向对传热效果有无影响？
② 蒸汽冷凝过程中,若存在不冷凝气体对传热有何影响,应采取什么措施？
③ 实训过程中,冷凝水不及时排走会产生什么影响？如何排走冷凝水？
④ 实训中,换热管的壁温是接近蒸汽还是空气温度？为什么？
⑤ 为什么要待传热稳定后才能读数？

任务三 板式换热器操作

一、实训任务

① 熟悉板式换热器的结构及换热原理。
② 熟练掌握板式换热器 DCS 控制系统的操作与参数控制。
③ 了解热电阻测温原理及安全阀、疏水阀工作原理。

二、实训操作与注意事项

1. 操作要求

(1) 开车准备
① 识读传热实训装置流程图;
② 熟悉现场装置及主要设备、仪表、阀门的位号、功能、工作原理和使用方法;
③ 按照要求制定操作方案;
④ 公用工程（水、电）的引入，并确保正常;
⑤ 检查流程中各管线、阀门是否处于正常开车状态;
⑥ 设备上电，检查各仪表状态是否正常，对动设备进行试车。

(2) 开车及正常操作
① 按正确的开车步骤开车，调节空气流量到指定值;
② 改变空气流量到指定值并重新建立稳定操作;
③ 按照要求巡查装置运行状况，确认并做好记录;
④ 观察正常操作时换热器的操作状况，并指出可能影响其正常操作的因素;
⑤ 按正常操作调节空气出口温度;
⑥ 测定换热器的总传热系数。

(3) 停车
① 按正常的停车步骤停车;
② 检查停车后各设备、阀门、蒸汽包的状态，确认后做好记录。

2. 实训步骤

(1) 开车前准备
① 由相关操作人员组成装置检查小组，对本装置所有设备、管道、阀门、仪表、电气、保温等按工艺流程图要求和专业技术要求进行检查;
② 检查所有仪表是否处于正常状态;
③ 检查所有设备是否处于正常状态。
④ 试电
a. 检查外部供电系统，确保控制柜上所有开关均处于关闭状态;
b. 开启总电源开关;
c. 打开控制柜上空气开关;
d. 打开装置仪表电源总开关，打开仪表电源开关，查看所有仪表是否上电、指示是否正常；

e. 将各阀门顺时针旋转操作到关的状态。检查孔板流量计正压阀和负压阀是否均处于开启状态（实验中保持开启）。

(2) 开车及正常运行

① 设备预热：开启板式换热器热风进口阀（VA20），关闭其他与板式换热器相连接的管路阀门，通入热风（风机全速运行），待板式换热器热风进、出口温度基本一致时，开始下一步操作。

② 依次开启板式换热器冷风进口阀（VA09）、热风进口阀（VA20），关闭其他与板式换热器相连接的管路阀门。

③ 启动冷风风机 C601，调节其流量 FIC601 为某一实验值，开启冷风风机出口阀 VA04，开启水冷却器空气出口阀 VA07，自来水进出阀（VA01、VA03），通过阀门 VA01 调节冷却水流量，通过阀门 VA06 控制冷风温度 TI605 稳定在约 30℃。

④ 调节热风进口流量 FIC602 为某一实验值、热风加热器出口温度 TIC607（控制在约 80℃）稳定，调节热风电加热器加热功率，控制热风出口温度稳定。待板式换热器冷、热风进出口温度基本恒定时，可认为换热过程基本平衡，记录相应的工艺参数。

⑤ 以冷风或热风的流量作为恒定量，改变另一介质的流量，从小到大，做 3～4 组数据，做好操作记录。

(3) 停车操作

① 停止热风加热炉电加热器运行。

② 继续大流量运行冷风和热风风机，当冷风风机出口总管温度接近常温时，停冷风风机及冷风风机出口冷却器冷却水，当热风加热炉出口温度接近常温时，停热风风机。

③ 装置系统温度降至常温后，关闭系统所有阀门。

④ 切断控制台、仪表盘电源。

⑤ 清理现场，做好设备、管道、阀门维护工作。

3. 各项工艺操作指标

(1) 温度控制

热风加热器出口热风温度：0～80℃，高位报警：$H=100℃$；

水冷却器出口冷风温度：0～30℃；

板式换热器冷风出口温度：40～50℃，高位报警：$H=70℃$。

(2) 流量控制

冷风流量：15～60 m^3/h；

热风流量：15～60 m^3/h。

4. 注意事项

(1) 正常操作注意事项

① 经常检查风机运行状况，注意电机温升。

② 热风加热器运行时，空气流量不得低于 30 m^3/h，热风机停车时，热风加热器出口温度 TIC607 不得超过 40℃。

③ 在换热器操作中，首先通入热风对设备预热，待设备热风进、出温度基本一致时，再开始传热操作。

④ 做好操作巡检工作。

（2）事故处理

① 实训装置具有异常现象的设计与排除功能，通过计算机隐蔽发出故障干扰信号，能使正常运行的装置出现异常现象。

② 会观察、分析换热器短路时工艺参数的改变并恢复至正常操作状态。

（3）设备维护

① 风机的开、停、正常操作及日常维护；

② 换热器的构造、工作原理、正常操作及维护；

③ 主要阀门（蒸汽压力调节阀，空气流量调节阀）的位置、类型、构造、工作原理、正常操作及维护；

④ 温度、流量、压力传感器的测量原理；温度、压力显示仪表及流量控制仪表的正常使用及维护。

三、实训数据记录

板式换热器实训操作报表

装置号：_____ 操作员：_____ ____年____月____日

序号	时间	冷风系统			热风系统			冷风进口温度/℃	冷风出口温度/℃	热风进口温度/℃	热风出口温度/℃
		水冷却器进口压力/MPa	水冷却器冷却水进口阀的开度/%	风机出口流量/(m³/h)	出口流量/(m³/h)	电加热的开度/%	风机出口流量/(m³/h)	出口流量/(m³/h)				
1												
2												
3												
操作记事												
异常情况记录												

四、实训考评

"板式换热器操作"考核评分表

实训者姓名：_____ 装置号：_____ 日期：_____ 得分：_____

评价内容	配分	评分说明	备注
操作规范 80分	开车准备(20分)	1. 现场设备、仪表、阀门检查 2. 试电检查，包括设备控制柜、空气开关、仪表电源等 3. 阀门状态检查 4. 准备原料	
	开车操作及运行(40分)	1. 打通热风路线，启动热风机，调节至一定风量，确保风路畅通 2. 打开热风加热炉，调节加热频率控制热风炉空气出口温度一定 3. 打通冷风路线，启动冷风机，调节至合适风量 4. 待温度稳定后记录一组数据 5. 继续调节冷风风量，待温度稳定再记录一组数据，要求记录六组数据	

续表

评价内容	配分	评分说明	备注
操作规范 80分	停车操作(20分)	1. 关闭热风加热炉加热装置 2. 关闭冷风机 3. 待热风加热炉温度降至接近室温,关闭热风机 4. 检查设备、阀门状态,做好记录 5. 关闭控制柜仪表电源开关,切断总电源,清理现场	
职业素养 20分	安全生产、节约、环保(20分)	1. 养成按6S(整理、整顿、清扫、清洁、修养、安全)管理要求的工作习惯,操作过程中进行设备的定置和归位,保持工作现场的清洁,及时排出换热器中的废液并进行清洗 2. 具有安全用水用电的意识,操作前进行水电、气、检查 3. 具备安全生产意识,按现场要求穿戴劳动保护用品,保持加热设备旁不摆放易燃易爆物质的习惯 4. 具备节能意识,对换热设备和管路采取保温措施,节约使用冷热流体 5. 养成良好的操作习惯,经常检查各设备和阀门状态,不得擅离工作岗位,不乱动现场电源开关、换热器阀门 6. 如实记录现场环境、条件和数据等,数据需完整、规范、真实、准确(记录结果弄虚作假扣全部安全环保分20分)	与评审专家顶撞等态度恶劣者本项记0分

五、实训报告要求

① 认真、如实填报操作报表。
② 总结板式换热器操作要点。

六、实训问题思考

① 实训中冷流体和热流体的流向,对传热效果有无影响?
② 板式换热器相对于套管式换热器有何优势?
③ 停车操作时,为何不能先停热风机?

任务四　列管式换热器操作

一、实训任务

① 熟悉列管式换热器的结构及换热原理。
② 熟练掌握列管式换热器 DCS 控制系统的操作与参数控制。
③ 了解热电阻测温原理及孔板流量计工作原理。

二、实训操作与注意事项

1. 操作要求
(1) 开车准备
① 识读传热实训装置流程图;
② 熟悉现场装置及主要设备、仪表、阀门的位号、功能、工作原理和使用方法;

③ 按照要求制定操作方案；
④ 公用工程（水、电）的引入，并确保正常；
⑤ 检查流程中各管线、阀门是否处于正常开车状态；
⑥ 设备上电，检查各仪表状态是否正常，对动设备进行试车。

(2) 开车及正常操作
① 按正确的开车步骤开车，调节空气流量到指定值；
② 改变空气流量到指定值并重新建立稳定操作；
③ 按照要求巡查装置运行状况，确认并做好记录；
④ 观察正常操作时换热器的操作状况，并指出可能影响其正常操作的因素；
⑤ 按正常操作调节空气出口温度；
⑥ 测定换热器的总传热系数。

(3) 停车
① 按正常的停车步骤停车；
② 检查停车后各设备、阀门、蒸汽包的状态，确认后做好记录。

2. 实训步骤

(1) 开车前准备
① 由相关操作人员组成装置检查小组，对本装置所有设备、管道、阀门、仪表、电气、保温等按工艺流程图要求和专业技术要求进行检查；
② 检查所有仪表是否处于正常状态；
③ 检查所有设备是否处于正常状态。
④ 试电
a. 检查外部供电系统，确保控制柜上所有开关均处于关闭状态；
b. 开启总电源开关；
c. 打开控制柜上空气开关；
d. 打开装置仪表电源总开关，打开仪表电源开关，查看所有仪表是否上电、指示是否正常；
e. 将各阀门顺时针旋转操作到关的状态。检查孔板流量计正压阀和负压阀是否均处于开启状态（实验中保持开启）。

(2) 开车及正常运行
① 设备预热　依次开启换热器热风进、出口阀和放空阀（VA13、VA16、VA18），关闭其他与列管式换热器相连接的管路阀门，通入热风（风机全速运行），待列管式换热器热风进、出口温度基本一致时，开始下一步操作。
② 并流操作
a. 依次开启列管式换热器冷风进、出口阀（VA08、VA11），热风进、出口阀和放空阀（VA13、VA16、VA18），关闭其他与列管式换热器相连接管路阀门；
b. 启动冷风风机 C601，调节其流量 FIC601 为某一实验值，开启冷风风机出口阀 VA04，开启水冷却器 E604 冷风出口阀 VA07，自来水进出阀（VA01、VA03），通过阀门 VA01 调节冷却水流量，通过阀门 VA06 控制冷空气温度 TI605，稳定在约 30℃（其控温方法为手动）；

c. 调节热风进口流量 FIC602 为某一实验值、热风加热器出口温度 TIC607（控制在约 80℃）稳定，调节热风电加热器加热功率，控制热风出口温度稳定。待列管式换热器冷、热风进出口温度基本恒定时，可认为换热过程基本平衡，记录相应的工艺参数；

d. 以冷风或热风的流量作为恒定量，改变另一介质的流量，从小到大，做 3~4 组数据，做好操作记录。

③ 逆流操作

a. 依次开启列管式换热器冷风进、出口阀（VA08、VA11），热风进、出口阀和放空阀（VA14、VA17、VA18），关闭其他与列管式换热器相连接管路阀门；

b. 启动冷风风机 C601，调节其流量 FIC601 为某一实验值，开启冷风风机出口阀 VA04，开启水冷却器空气出口阀 VA07，自来水进出阀（VA01、VA03），通过阀门 VA01 调节冷却水流量，通过阀门 VA06 控制冷空气温度 TI605，稳定在约 30℃（其控温方法为手动）；

c. 调节热风进口流量 FIC602 为某一实验值、热风加热器出口温度 TIC607（控制在约 80℃）稳定，调节热风电加热器加热功率，控制热风出口温度稳定。待列管式换热器冷、热风进出口温度基本恒定时，可认为换热过程基本平衡，记录相应的工艺参数。

d. 以冷风或热风的流量作为恒定量，改变另一介质的流量，从小到大，做 3~4 组数据，做好操作记录。

（3）停车操作

① 停止热风加热炉电加热器运行。

② 继续大流量运行冷风和热风风机，当冷风风机出口总管温度接近常温时，停冷风风机及冷风风机出口冷却器冷却水，当热风加热炉出口温度接近常温时，停热风风机。

③ 装置系统温度降至常温后，关闭系统所有阀门。

④ 切断控制台、仪表盘电源。

⑤ 清理现场，做好设备、管道、阀门维护工作。

3. 各项工艺操作指标

（1）温度控制

热风加热器出口热风温度：0~80℃，高位报警：$H=100$℃；

水冷却器出口冷风温度：0~30℃。

列管式换热器冷风出口温度：40~50℃，高位报警：$H=70$℃；

（2）流量控制

冷风流量：15~60 m^3/h；

热风流量：15~60 m^3/h。

4. 注意事项

（1）正常操作注意事项

① 经常检查风机运行状况，注意电机温升。

② 热风加热器运行时，空气流量不得低于 30 m^3/h，热风机停车时，热风加热器出口温度 TIC607 不得超过 40℃。

③ 在换热器操作中，首先通入热风对设备预热，待设备热风进、出温度基本一致时，

再开始传热操作。

④ 做好操作巡检工作。

（2）事故处理

实训装置具有异常现象的设计与排除功能，通过计算机隐蔽发出故障干扰信号，能使正常运行的装置出现异常现象。

会观察、分析换热器短路时工艺参数的改变并恢复至正常操作状态。

（3）设备维护

① 风机的开、停、正常操作及日常维护；

② 换热器的构造、工作原理、正常操作及维护；

③ 主要阀门（蒸汽压力调节阀，空气流量调节阀）的位置、类型、构造、工作原理、正常操作及维护；

④ 温度、流量、压力传感器的测量原理；温度、压力显示仪表及流量控制仪表的正常使用及维护。

三、实训数据记录

列管式（逆流）换热器实训操作报表

装置号：_____ 操作员：_____ 年____月____日

序号	时间	冷风系统			热风系统			冷风进口温度/℃	冷风出口温度/℃	热风进口温度/℃	热风出口温度/℃
		水冷却器进口压力/kPa	阀门VA07的开度/%	风机出口流量/(m³/h)	出口流量/(m³/h)	电加热的开度/%	风机出口流量/(m³/h)	出口流量/(m³/h)				
1												
2												
3												
4												
5												
6												
操作记事												
异常情况记录												

列管式（并流）换热器实训操作报表

装置号：_____ 操作员：_____ 年____月____日

序号	时间	冷风系统			热风系统			冷风进口温度/℃	冷风出口温度/℃	热风进口温度/℃	热风出口温度/℃
		水冷却器进口压力/kPa	阀门VA07的开度/%	风机出口流量/(m³/h)	出口流量/(m³/h)	电加热的开度/%	风机出口流量/(m³/h)	出口流量/(m³/h)				
1												
2												
3												
4												
5												
6												
操作记事												
异常情况记录												

四、实训考评

"列管式(并/逆流)换热器操作"考核评分表

实训者姓名：　　　　装置号：　　　日期：　　　得分：

评价内容	配分	评 分 说 明	备 注
操作规范 80分	开车准备(20分)	1. 现场设备、仪表、阀门检查 2. 试电检查，包括设备控制柜、空气开关、仪表电源等 3. 阀门状态检查 4. 准备原料	
	开车操作及运行(40分)	1. 打通热风路线，启动热风机，调节至一定风量，确保风路畅通 2. 打开热风加热炉，调节加热频率控制热风炉空气出口温度一定 3. 打通冷风路线，启动冷风机，调节至合适风量 4. 待温度稳定后记录一组数据 5. 继续调节冷风风量，待温度稳定再记录一组数据，要求记录六组数据	
	停车操作(20分)	1. 关闭热风加热炉加热装置 2. 关闭冷风机 3. 待热风加热炉温度降至接近室温，关闭热风机 4. 检查设备、阀门状态，做好记录 5. 关闭控制柜仪表电源开关，切断总电源，清理现场	
职业素养 20分	安全生产、节约、环保(20分)	1. 养成按6S(整理、整顿、清扫、清洁、修养、安全)管理要求的工作习惯，操作过程中进行设备的定置和归位，保持工作现场的清洁，及时排出换热器中的废液并进行清洗 2. 具有安全用水用电的意识，操作前进行水、电、气检查 3. 具备安全生产意识，按现场要求穿戴劳动保护用品，保持加热设备旁不摆放易燃易爆物质的习惯 4. 具备节能意识，对换热设备和管路采取保温措施，节约使用冷热流体 5. 养成良好的操作习惯，经常检查各设备和阀门状态，不得擅离工作岗位，不乱动现场电源开关、换热器阀门 6. 如实记录现场环境、条件和数据等，数据需完整、规范、真实、准确(记录结果弄虚作假扣全部安全环保分20分)	与评审专家顶撞等态度恶劣者本项记0分

五、实训报告要求

① 认真、如实填报操作报表。
② 总结列管式换热器操作要点。

六、实训问题思考

① 实训中冷流体和热流体并流或逆流流向，对传热效果有无影响？
② 列管式换热器相对于套管、板式换热器有何优势？
③ 提高列管式换热器换热速率，有哪些可行措施？

任务五 板式与列管式换热器串联操作

一、实训任务

① 熟悉板式及列管式换热器的结构及换热原理。
② 熟练掌握板式与列管式换热器串联 DCS 控制系统的操作与参数控制。
③ 了解热电阻测温原理及孔板流量计工作原理。

二、实训操作与注意事项

1. 操作要求

（1）开车准备

① 识读传热实训装置流程图；
② 熟悉现场装置及主要设备、仪表、阀门的位号、功能、工作原理和使用方法；
③ 按照要求制定操作方案；
④ 公用工程（水、电）的引入，并确保正常；
⑤ 检查流程中各管线、阀门是否处于正常开车状态；
⑥ 设备上电，检查各仪表状态是否正常，对动设备进行试车。

（2）开车及正常操作

① 按正确的开车步骤开车，调节空气流量到指定值；
② 改变空气流量到指定值并重新建立稳定操作；
③ 按照要求巡查装置运行状况，确认并做好记录；
④ 观察正常操作时换热器的操作状况，并指出可能影响其正常操作的因素；
⑤ 按正常操作调节空气出口温度；
⑥ 测定换热器的总传热系数。

（3）停车

① 按正常的停车步骤停车；
② 检查停车后各设备、阀门、蒸汽包的状态，确认后做好记录。

2. 实训步骤

（1）开车前准备

① 由相关操作人员组成装置检查小组，对本装置所有设备、管道、阀门、仪表、电气、

保温等按工艺流程图要求和专业技术要求进行检查；

② 检查所有仪表是否处于正常状态；

③ 检查所有设备是否处于正常状态。

④ 试电

a. 检查外部供电系统，确保控制柜上所有开关均处于关闭状态；

b. 开启总电源开关；

c. 打开控制柜上空气开关；

d. 打开装置仪表电源总开关，打开仪表电源开关，查看所有仪表是否上电、指示是否正常；

e. 将各阀门顺时针旋转操作到关的状态。检查孔板流量计正压阀和负压阀是否均处于开启状态（实验中保持开启）。

（2）开车及正常运行

① 列管式换热器（并流）、板式换热器串联开车

a. 设备预热：依次冷热风开启列管式、板式换热器热风进、出口阀（VA13、VA16、VA19），关闭其他与列管式、板式换热器相连接的管路阀门，通入热风（风机全速运行），待列管式换热器并流热风进口温度 TI615 与板式换热器热风出口温度 TI620 基本一致时，开始下一步操作。

b. 依次开启冷风管路阀（VA08、VA12）；热风管路阀（VA13、VA16、VA19），关闭其他与列管式换热器、板式换热器相连接的管路阀门。

c. 启动冷风风机 C601，调节其流量 FIC601 为某一实验值，开启冷风风机出口阀 VA04，开启水冷却器空气出口阀 VA07，自来水进出阀（VA01、VA03），通过阀门 VA01 调节冷却水流量，通过阀门 VA06 控制冷风温度 TI605，稳定在约 30℃。

d. 调节热风进口流量 FIC602 为某一实验值、热风加热器出口温度 TIC607（控制在约 80℃）稳定，调节热风电加热器加热功率，控制热风出口温度稳定。待列管式换热器冷、热风进口温度和板式换热器冷、热风出口温度基本恒定时，可认为换热过程基本平衡，记录相应的工艺参数。

e. 以冷风或热风的流量作为恒定量，改变另一介质的流量，从小到大，做 3～4 组数据，做好操作记录。

② 列管式换热器（逆流）、板式换热器串联开车

a. 设备预热：依次冷热风开启列管式、板式换热器热风进、出口阀（VA14、VA17、VA19），关闭其他与列管式、板式换热器相连接的管路阀门，通入热风（风机全速运行），待列管式换热器逆流热风进口温度 TI616 与板式换热器热风出口温度 TI620 基本一致时，开始下一步操作。

b. 依次开启冷风管路阀（VA08、VA12）；热风管路阀（VA14、VA17、VA19），关闭其他与列管式换热器、板式换热器相连接的管路阀门。

c. 启动冷风风机 C601，调节其流量 FIC601 为某一实验值，开启冷风风机出口阀 VA04，开启水冷却器空气出口阀 VA07，自来水进出阀（VA01、VA03），通过阀门 VA01 调节冷却水流量，通过阀门 VA06 控制冷风温度 TI605，稳定在约 30℃。

d. 调节热风进口流量 FIC602 为某一实验值、热风加热器出口温度 TIC607（控制在约

80℃）稳定，调节热风电加热器加热功率，控制热风出口温度稳定。待列管式换热器冷、热风进口温度和板式换热器冷、热风出口温度基本恒定时，可认为换热过程基本平衡，记录相应的工艺参数。

e. 以冷风或热风的流量作为恒定量，改变另一介质的流量，从小到大，做 3～4 组数据，做好操作记录。

（3）停车操作

① 停止热风加热炉电加热器运行。

② 继续大流量运行冷风和热风风机，当冷风风机出口总管温度接近常温时，停冷风风机及冷风风机出口冷却器冷却水，当热风加热炉出口温度接近常温时，停热风风机。

③ 装置系统温度降至常温后，关闭系统所有阀门。

④ 切断控制台、仪表盘电源。

⑤ 清理现场，做好设备、管道、阀门维护工作。

3. 各项工艺操作指标

（1）温度控制

热风加热器出口热风温度：0～80℃，高位报警：$H=100℃$；

水冷却器出口冷风温度：0～30℃；

列管式换热器冷风出口温度：40～50℃，高位报警：$H=70℃$。

（2）流量控制

冷风流量：15～60m³/h；

热风流量：15～60m³/h。

4. 注意事项

（1）正常操作注意事项

① 经常检查风机运行状况，注意电机温升。

② 热风加热器运行时，空气流量不得低于 30m³/h，热风机停车时，热风加热器出口温度 TIC607 不得超过 40℃。

③ 在换热器操作中，首先通入热风对设备预热，待设备热风进、出温度基本一致时，再开始传热操作。

④ 做好操作巡检工作。

（2）事故处理

① 实训装置具有异常现象的设计与排除功能，通过计算机隐蔽发出故障干扰信号，能使正常运行的装置出现异常现象。

② 会观察、分析换热器短路时工艺参数的改变并恢复至正常操作状态。

（3）设备维护

① 风机的开、停、正常操作及日常维护；

② 换热器的构造、工作原理、正常操作及维护；

③ 主要阀门（蒸汽压力调节阀，空气流量调节阀）的位置、类型、构造、工作原理、正常操作及维护；

④ 温度、流量、压力传感器的测量原理；温度、压力显示仪表及流量控制仪表的正常使用及维护。

三、实训数据记录

板式与列管式(逆流)换热器串联实训操作报表

装置号：_____ 操作员：_____ ____年____月____日

序号	时间	冷风		热风		冷风进口温度/℃		冷风出口温度/℃		热风进口温度/℃		热风出口温度/℃	
		风机开度	风机出口流量/(m³/h)	电加热的开度	风机出口流量/(m³/h)	列管式	板式	列管式	板式	列管式	板式	列管式	板式
1													
2													
3													
操作记事													
异常情况记录													

板式与列管式(并流)换热器串联实训操作报表

装置号：_____ 操作员：_____ ____年____月____日

序号	时间	冷风		热风		冷风进口温度/℃		冷风出口温度/℃		热风进口温度/℃		热风出口温度/℃	
		风机开度	风机出口流量/(m³/h)	电加热的开度	风机出口流量/(m³/h)	列管式	板式	列管式	板式	列管式	板式	列管式	板式
1													
2													
3													
操作记事													
异常情况记录													

四、实训考评

"板式与列管式（并/逆流）换热器串联操作"考核评分表

实训者姓名：_____ 装置号：_____ 日期：_____ 得分：_____

评价内容	配分	评 分 说 明	备注
操作规范80分	开车准备(20分)	1. 现场设备、仪表、阀门检查 2. 试电检查，包括设备控制柜、空气开关、仪表电源等 3. 阀门状态检查 4. 准备原料	
	开车操作及运行(40分)	1. 打通热风路线,启动热风机,调节至一定风量,确保风路畅通 2. 打开热风加热炉,调节加热频率控制热风炉空气出口温度一定 3. 打通冷风路线,启动冷风机,调节至合适风量 4. 待温度稳定后记录一组数据 5. 继续调节冷风风量,待温度稳定再记录一组数据,要求记录六组数据	

续表

评价内容	配分	评 分 说 明	备 注
操作规范 80 分	停车操作(20 分)	1. 关闭热风加热炉加热装置 2. 关闭冷风机 3. 待热风加热炉温度降至接近室温,关闭热风机 4. 检查设备、阀门状态,做好记录 5. 关闭控制柜仪表电源开关,切断总电源,清理现场	
职业素养 20 分	安全生产、节约、环保(20 分)	1. 养成按 6S(整理、整顿、清扫、清洁、修养、安全)管理要求的工作习惯,操作过程中进行设备的定置和归位,保持工作现场的清洁,及时排出换热器中的废液并进行清洗 2. 具有安全用水用电的意识,操作前进行水、电、气检查 3. 具备安全生产意识,按现场要求穿戴劳动保护用品,保持加热设备旁不摆放易燃易爆物质的习惯 4. 具备节能意识,对换热设备和管路采取保温措施,节约使用冷热流体 5. 养成良好的操作习惯,经常检查各设备和阀门状态,不得擅离工作岗位,不乱动现场电源开关、换热器阀门 6. 如实记录现场环境、条件和数据等,数据需完整、规范、真实、准确(记录结果弄虚作假扣全部安全环保分 20 分)	与评审专家顶撞等态度恶劣者本项记 0 分

五、实训报告要求

① 认真、如实填报操作报表。
② 总结板式与列管式换热器串联操作要点。

六、实训问题思考

① 实训中热冷流体流向及流量对传热效果影响规律为何?
② 板式与列管式换热器串联换热的优势何在?
③ 提高板式与列管式换热器串联换热速率,有哪些可行措施?

任务六　板式与列管式换热器并联操作

一、实训任务

① 熟悉列管式换热器的结构及换热原理。
② 熟练掌握列管式换热器 DCS 控制系统的操作与参数控制。
③ 了解热电阻测温原理及孔板流量计工作原理。

二、实训操作与注意事项

1. 操作要求
(1) 开车准备
① 识读传热实训装置流程图;
② 熟悉现场装置及主要设备、仪表、阀门的位号、功能、工作原理和使用方法;

③ 按照要求制定操作方案；
④ 公用工程（水、电）的引入，并确保正常；
⑤ 检查流程中各管线、阀门是否处于正常开车状态；
⑥ 设备上电，检查各仪表状态是否正常，对动设备进行试车。

(2) 开车及正常操作
① 按正确的开车步骤开车，调节空气流量到指定值；
② 改变空气流量到指定值并重新建立稳定操作；
③ 按照要求巡查装置运行状况，确认并做好记录；
④ 观察正常操作时换热器的操作状况，并指出可能影响其正常操作的因素；
⑤ 按正常操作调节空气出口温度；
⑥ 测定换热器的总传热系数。

(3) 停车
① 按正常的停车步骤停车；
② 检查停车后各设备、阀门、蒸汽包的状态，确认后做好记录。

2. 实训步骤

(1) 开车前准备
① 由相关操作人员组成装置检查小组，对本装置所有设备、管道、阀门、仪表、电气、保温等按工艺流程图要求和专业技术要求进行检查；
② 检查所有仪表是否处于正常状态；
③ 检查所有设备是否处于正常状态。
④ 试电

a. 检查外部供电系统，确保控制柜上所有开关均处于关闭状态；
b. 开启总电源开关；
c. 打开控制柜上空气开关；
d. 打开装置仪表电源总开关，打开仪表电源开关，查看所有仪表是否上电，指示是否正常；
e. 将各阀门顺时针旋转操作到关的状态。检查孔板流量计正压阀和负压阀是否均处于开启状态（实验中保持开启）。

(2) 开车及正常运行
① 列管式换热器（并流）、板式换热器并联开车

a. 设备预热：依次开启列管式、板式换热器热风进、出口阀（VA13、VA16、VA18、VA20），关闭其他与列管式、板式换热器相连接管路阀门，通入热风（风机全速运行），待列管式换热器并流热风进出口温度 TI615 与 TI618，板式换热器热风进出口温度 TI619 与 TI620 基本一致时，开始下一步操作。

b. 依次开启冷风管路阀（VA08、VA11、VA09）、热风管路阀（VA13、VA16、VA18、VA20），关闭其他与列管式换热器（逆流）、板式换热器相连接的管路阀门。

c. 启动冷风风机 C601，调节其流量 FIC601 为某一实验值，开启冷风风机出口阀 VA04，开启水冷却器空气出口阀 VA07，自来水进出阀（VA01、VA03），通过阀门 VA01 调节冷却水流量，通过阀门 VA06 控制冷风温度 TI605，稳定在约 30℃。

d. 调节热风进口流量FIC602为某一实验值、热风加热器出口温度TIC607（控制在约80℃）稳定，调节热风电加热器加热功率，控制热风出口温度稳定。待列管式换热器冷、热风进出口温度和板式换热器冷、热风进出口温度基本恒定时，可认为换热过程基本平衡，记录相应的工艺参数。

e. 以冷风或热风的流量作为恒定量，改变另一介质的流量，从小到大，做3~4组数据，做好操作记录。

② 列管式换热器（逆流）、板式换热器并联开车

a. 设备预热：依次开启列管式、板式换热器热风进、出口阀（VA14、VA17、VA18、VA20），关闭其他与列管式、板式换热器相连接的管路阀门，通入热风（风机全速运行），待列管式换热器逆流热风进出口温度TI616与TI617，板式换热器热风进出口温度TI619与TI620基本一致时，开始下一步操作。

b. 依次开启冷风管路阀（VA08、VA11、VA09）、热风管路阀（VA14、VA17、VA18、VA20），关闭其他与列管式换热器（逆流）、板式换热器相连接的管路阀门。

c. 启动冷风风机C601，调节其流量FIC601为某一实验值，开启冷风风机出口阀VA04，开启水冷却器空气出口阀VA07，自来水进出阀（VA01、VA03），通过阀门VA01调节冷却水流量，通过阀门VA06控制冷风温度TI605，稳定在约30℃。

d. 调节热风进口流量FIC602为某一实验值、热风加热器出口温度TIC607（控制在约80℃）稳定，调节热风电加热器加热功率，控制热风出口温度稳定。待列管式换热器冷、热风进出口温度和板式换热器冷、热风进出口温度基本恒定时，可认为换热过程基本平衡，记录相应的工艺参数。

e. 以冷风或热风的流量作为恒定量，改变另一介质的流量，从小到大，做3~4组数据，做好操作记录。

（3）停车操作

① 停止热风加热炉电加热器运行。

② 继续大流量运行冷风和热风风机，当冷风风机出口总管温度接近常温时，停冷风风机及冷风风机出口冷却器冷却水，当热风加热炉出口温度接近常温时，停热风风机。

③ 装置系统温度降至常温后，关闭系统所有阀门。

④ 切断控制台、仪表盘电源。

⑤ 清理现场，做好设备、管道、阀门维护工作。

3. 各项工艺操作指标

（1）温度控制

热风加热器出口热风温度：0~80℃，高位报警：$H=100℃$；

水冷却器出口冷风温度：0~30℃；

列管式换热器冷风出口温度：40~50℃，高位报警：$H=70℃$。

（2）流量控制

冷风流量：15~60 m^3/h；

热风流量：15~60 m^3/h。

4. 注意事项

（1）正常操作注意事项

① 经常检查风机运行状况，注意电机温升。

② 热风加热器运行时，空气流量不得低于 30m³/h，热风机停车时，热风加热器出口温度 TIC607 不得超过 40℃。

③ 在换热器操作中，首先通入热风对设备预热，待设备热风进、出温度基本一致时，再开始传热操作。

④ 做好操作巡检工作。

（2）事故处理

① 实训装置具有异常现象的设计与排除功能，通过计算机隐蔽发出故障干扰信号，能使正常运行的装置出现异常现象。

② 会观察、分析换热器短路时工艺参数的改变并恢复至正常操作状态。

（3）设备维护

① 风机的开、停、正常操作及日常维护；

② 换热器的构造、工作原理、正常操作及维护；

③ 主要阀门（蒸汽压力调节阀，空气流量调节阀）的位置、类型、构造、工作原理、正常操作及维护；

④ 温度、流量、压力传感器的测量原理；温度、压力显示仪表及流量控制仪表的正常使用及维护。

三、实训数据记录

板式与列管式(逆流)换热器并联实训操作报表											
装置号：_____ 操作员：_____ _____年_____月_____日											
序号	时间	冷风		热风		冷风进口温度/℃		冷风出口温度/℃		热风进口温度/℃		热风出口温度/℃	
		风机开度	风机出口流量/(m³/h)	电加热的开度	风机出口流量/(m³/h)	列管式	板式	列管式	板式	列管式	板式	列管式	板式
1													
2													
3													
操作记事													
异常情况记录													

板式与列管式(并流)换热器并联实训操作报表											
装置号：_____ 操作员：_____ _____年_____月_____日											
序号	时间	冷风		热风		冷风进口温度/℃		冷风出口温度/℃		热风进口温度/℃		热风出口温度/℃	
		风机开度	风机出口流量/(m³/h)	电加热的开度	风机出口流量/(m³/h)	列管式	板式	列管式	板式	列管式	板式	列管式	板式
1													
2													
3													
操作记事													
异常情况记录													

四、实训考评

"板式与列管式（并/逆流）换热器并联操作"考核评分表

实训者姓名：　　　　装置号：　　　　日期：　　　　得分：

评价内容	配分	评 分 说 明	备 注
操作规范 80分	开车准备(20分)	1. 现场设备、仪表、阀门检查 2. 试电检查，包括设备控制柜、空气开关、仪表电源等 3. 阀门状态检查 4. 准备原料	
	开车操作及运行(40分)	1. 打通热风路线，启动热风机，调节至一定风量，确保风路畅通 2. 打开热风加热炉，调节加热频率控制热风炉空气出口温度一定 3. 打通冷风路线，启动冷风机，调节至合适风量 4. 待温度稳定后记录一组数据 5. 继续调节冷风风量，待温度稳定再记录一组数据，要求记录六组数据	
	停车操作(20分)	1. 关闭热风加热炉加热装置 2. 关闭冷风机 3. 待热风加热炉温度降至接近室温，关闭热风机 4. 检查设备、阀门状态，做好记录 5. 关闭控制柜仪表电源开关，切断总电源，清理现场	
职业素养 20分	安全生产、节约、环保(20分)	1. 养成按6S(整理、整顿、清扫、清洁、修养、安全)管理要求的工作习惯，操作过程中进行设备的定置和归位，保持工作现场的清洁，及时排出换热器中的废液并进行清洗 2. 具有安全用水用电的意识，操作前进行水、电、气检查 3. 具备安全生产意识，按现场要求穿戴劳动保护用品，保持加热设备旁不摆放易燃易爆物质的习惯 4. 具备节能意识，对换热设备和管路采取保温措施，节约使用冷热流体 5. 养成良好的操作习惯，经常检查各设备和阀门状态，不得擅离工作岗位，不乱动现场电源开关、换热器阀门 6. 如实记录现场环境、条件和数据等，数据需完整、规范、真实、准确(记录结果弄虚作假扣全部安全环保分20分)	与评审专家顶撞等态度恶劣者本项记0分

五、实训报告要求

① 认真、如实填报操作报表。
② 总结列管式换热器操作要点。

六、实训问题思考

① 实训中列管式换热器选择逆流还是并流？对传热效果有何影响？
② 板式与列管式换热器并联操作与串联相比较有何特点？适用于什么场合？
③ 提高板式与列管式换热器并联换热速率，有哪些可行措施？

项目三
UTS系列板框压滤机的操作

项目描述

某化工厂氧化锌生产车间,要通过板框压滤机将制得的粗 $CaCO_3$ 溶液去除液相杂质得到固体 $CaCO_3$。请根据操作装置现场及设备、阀门、仪表一览表,在现场装置完成板框压滤装置的开车准备和开车操作,并填写操作记录单。

项目三

项目分析

要完成此分离任务首先须确定拟采用的非均相分离方法,根据本实训提供分离设备板框压滤机确定采用过滤进行分离;其次是熟练掌握该换热装置的工艺流程;最后是确定操作条件实施过滤过程的操作与控制。因此,本项目根据过滤方式的不同,分板框过滤流程认知、泵送板框过滤操作、恒压板框过滤操作三个子任务来完成。

任务一 板框过滤流程认知

一、实训任务

① 了解板框压滤机的基本构造和工作原理。
② 熟练掌握板框过滤工艺流程。
③ 了解板框压滤机的基本操作过程、常见故障及处理方法。

二、实训知识准备

过滤是分离悬浮液最常用和最有效的单元操作之一。它是利用重力、离心力或压力差使悬浮液通过多孔性过滤介质,其中固体颗粒被截留,滤液穿过介质流出以达到固液混合物的分离目的。过滤操作中,待分离的悬浮液一般称为滤浆或料浆,被截留下来的固体集合称为滤渣或滤饼,透过固体隔层的液体称为滤液,所用多孔性物质称为过滤介质。常用的过滤介质主要有织物介质(滤布)、多孔固体介质、堆积介质、多孔膜等。

过滤方式有两种,滤饼过滤(又称表面过滤)和深层过滤。滤饼过滤是利用滤饼本身作为过滤隔层的一种过滤方式。由于滤浆中固体颗粒的大小往往很不一致,在过滤开始阶段,会有一部分细小颗粒从介质孔道中通过而使得滤液浑浊,但会有部分颗粒在介质孔道中发生"架桥"现象,随着颗粒的逐步堆积,形成滤饼,同时滤液也慢慢变得澄清。因此,在过滤中,起主要过滤作用的是滤饼而不是过滤介质。深层过滤是固体颗粒不形成滤饼而是被截留

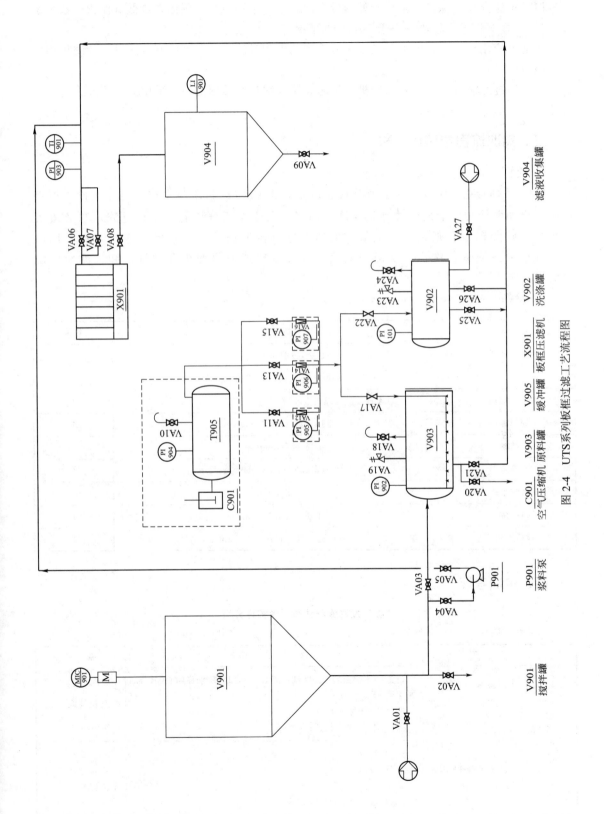

图 2-4 UTS系列板框过滤工艺流程图

在较厚的过滤介质空隙内,常用于处理量大而悬浮液中颗粒小、固体含量低(体积分数小于0.001%)且颗粒直径较小(小于 $5\mu m$)的情况。

工业上应用最广的过滤设备是以压差为推动力的过滤机,典型的有压滤机、叶滤机和转筒真空过滤机等。

本实训过滤装置为板框式压滤机,过滤介质为织物介质即滤布,采用的过滤方式为饼层过滤。

三、实训流程与装置认知

1. 流程

UTS系列板框过滤工艺流程如图 2-4 所示。将 $CaCO_3$ 粉末与水按一定比例投入搅拌罐后,启动搅拌装置形成碳酸钙悬浮液,用浆料泵送至板框压滤机进行过滤,滤液流入收集槽,碳酸钙粉末则在滤布上形成滤饼。当框内充满滤饼后,停止输送浆料,用清水对板框内滤渣进行洗涤,洗涤完成后,卸开板框压滤机滤板和滤框,卸去滤饼,洗净滤布。

2. 设备

名称	规格型号	数量
板框压滤机	不锈钢,过滤面积 $0.9m^2$	1
浆料泵	不锈钢离心泵 MS60/0.37,0.37kW,$3.6m^3/h$	1
空气压缩机	往复式空气压缩机 V0.17/7,0.15kW,$0.17m^3/min$	1
原料罐	不锈钢,$\phi 500mm \times 900mm$	1
搅拌罐	不锈钢,300L	1
洗涤罐	不锈钢,$\phi 300mm \times 550mm$	1
滤液收集罐	不锈钢,150L	1
搅拌桨	不锈钢螺旋搅拌桨	1
搅拌电机	可调速电机,400W,300r/min	1

四、实训考评

"板框过滤流程认知"考核评分表

实训者姓名:　　　　装置号:　　　　日期:　　　　得分:

评价内容	配分	评 分 说 明	备 注
操作规范 80分	设备、仪表、阀门的指认与介绍(20分)	设备:板框式压滤机、板、框、离心泵、原料罐、洗涤罐、搅拌器、搅拌罐、压缩机等 仪表:压力表、液位计等 阀门:球阀、截止阀、闸阀等	随机抽取指认
	工艺流程口头描述(60分)	1. 泵送过滤流程 2. 压滤流程 3. 洗涤流程 4. 板框压滤机装合、拆卸流程	根据描述情况酌情打分

续表

评价内容	配分	评分说明	备注
职业素养 20分	安全生产、节约、环保(20分)	1. 养成按6S(整理、整顿、清扫、清洁、修养、安全)管理要求的工作习惯,操作过程中进行设备的定置和归位,保持工作现场的清洁,及时排出废液并进行清洗 2. 具有安全用水用电的意识,操作前进行水、电、气检查 3. 具备安全生产意识,按现场要求穿戴劳动保护用品,保持加热设备旁不摆放易燃易爆物质的习惯 4. 具备节能意识,对非常温设备和管路采取保温措施 5. 养成良好的操作习惯,经常检查各设备和阀门状态,不得擅离工作岗位,不乱动现场电源开关、阀门 6. 如实记录现场环境、条件和数据等,数据需完整、规范、真实、准确(记录结果弄虚作假扣全部安全环保分20分)	与评审专家顶撞等态度恶劣者本项记0分

五、实训报告要求

① 绘制板框过滤工艺流程图。
② 简单说明泵送过滤、压滤工艺流程。

六、实训思考思考

① 板框压滤操作相对于常压过滤、真空抽滤的优势何在?适用于什么场合?
② 本实训装置,板框压滤过程自动化怎样?如何提高其操作的自动化程度?
③ 如何有效提高过滤速率?

任务二　泵送板框过滤操作

一、实训任务

① 掌握板框压滤机、离心泵的基本构造和工作原理。
② 熟练掌握泵送板框过滤工艺流程。
③ 掌握板框压滤机的基本操作过程及泵送过滤常见故障及处理方法。

二、实训操作及注意事项

1. 开车前准备

① 由相关操作人员组成装置检查小组,对本装置所有设备、管道、阀门、仪表、电气等按工艺流程图要求和专业技术要求进行检查。
② 检查所有仪表是否处于正常状态。
③ 检查所有设备是否处于正常状态。
④ 试电:a. 检查外部供电系统,确保控制柜上所有开关均处于关闭状态;b. 开启外部供电系统总电源开关;c. 打开控制柜上空气开关;d. 打开装置仪表空气开关,打开仪表电

源开关，查看所有仪表是否上电、指示是否正常；e. 将各阀门顺时针旋转操作到关的状态。

⑤ 准备原料。根据过滤具体要求，确定原料碳酸钙悬浮液的浓度，含 $CaCO_3$ 浓度为 10%～30%，计算出所需要清水的体积及碳酸钙的质量，用电子秤称好碳酸钙质量备用。

⑥ 正确装好滤板、滤框，滤布，使用前用水浸湿，滤布要绷紧，不能起皱，滤布紧贴滤板，密封垫贴紧滤布。

2. 开车

① 关闭搅拌罐排污阀（VA02），开启搅拌罐进水阀（VA01），注意观察搅拌罐液位，当通入所需一半清水时，开启搅拌装置，把 $CaCO_3$ 粉末缓慢加入搅拌罐搅拌。

② 继续加水至搅拌罐规定液位（小于 1/2）处，关闭进水阀（VA01），闭合搅拌罐顶盖。

③ 开启浆料泵进口阀门（VA04）出口阀门（VA05）和板框压滤机进口阀门（VA06），板框压滤机出口阀门（VA08），关闭滤液收集罐出口阀门（VA09），开启浆料泵（P901）进行过滤试验。

④ 过滤结束后，停止浆料泵，关闭阀门（VA17、VA21），开启阀门（VA27）往洗涤罐通入清水，至 2/3 液位处，关闭阀门（VA27），开启阀门 VA22 和 VA26，进行洗涤试验，可通过观察滤液的浑浊变化判断是否结束。

⑤ 开启滤液收集罐出口阀门（VA09），放空滤液。

3. 停车

① 将搅拌罐剩余浆料通过排污阀门直接排掉，关闭排污阀（VA02），开启进水阀（VA01），清洗搅拌罐。

② 用清水洗净浆料泵，原料罐。

③ 卸开板框压滤机，回收滤饼，以备下次实验时使用。

④ 冲洗滤框、滤板，刷洗滤布，滤布不要打折。

⑤ 开启原料罐、滤液收集罐的排污阀（VA20、VA09），排掉容器内的液体，并清洗罐体。

⑥ 进行现场清理，保持各设备、管路洁净。

⑦ 切断控制台、仪表盘电源。

⑧ 做好操作记录，计算出恒压过滤常数。

4. 工艺指标

（1）温度控制

板框压滤机进口温度（TI901）：20～40℃。

（2）压力控制

板框压滤机进口压力（PI903）：0.05～0.3MPa。

5. 注意事项

① 配制原料时，注入一定清水后，边搅拌边通入剩下的清水。

② 过滤压力不得大于 0.3MPa。

③ 实验结束后，要及时清洗管路、设备和浆料泵，确保整个装置清洁。

三、实训数据记录

<table>
<tr><td colspan="5" align="center">泵送板框过滤实训操作报表</td></tr>
<tr><td colspan="5">装置号：_____ 操作员：_____ _____年_____月_____日</td></tr>
<tr><td>序号</td><td>时间</td><td>压滤机进口压力/MPa</td><td>压滤机进口温度/℃</td><td>滤液收集罐液位高度/mm</td></tr>
<tr><td>1</td><td></td><td></td><td></td><td></td></tr>
<tr><td>2</td><td></td><td></td><td></td><td></td></tr>
<tr><td>3</td><td></td><td></td><td></td><td></td></tr>
</table>

四、实训考评

"泵送板框过滤操作"考核评分表

实训者姓名：_____ 装置号：_____ 日期：_____ 得分：_____

评价内容	配分	评 分 说 明	备 注
操作规范 80分	开车准备(20分)	1. 现场设备、仪表、阀门检查 2. 试电检查，包括设备控制柜、空气开关、仪表电源等 3. 阀门状态检查 4. 准备原料 5. 正确安装板框压滤机	
	开车操作及运行(30分)	1. 正确加水至搅拌罐1/2，开启搅拌罐，将$CaCO_3$粉末缓慢加入搅拌罐搅拌 2. 打通泵送过滤通路，开启浆料泵进行过滤，记录相应数据 3. 停料浆泵，正确洗涤滤饼，可通过滤液浑浊变化判断洗涤是否结束 4. 放空滤液	
	停车操作(30分)	1. 清水洗涤搅拌罐、浆料泵等 2. 拆卸滤饼并回收 3. 正确冲洗板、框及滤布 4. 管线排污、清理现场 5. 关闭控制柜仪表电源开关，切断总电源，做好操作记录	
职业素养 20分	安全生产、节约、环保(20分)	1. 养成按6S(整理、整顿、清扫、清洁、修养、安全)管理要求的工作习惯，操作过程中进行设备的定置和归位，保持工作现场的清洁，及时排出废液并进行清洗 2. 具有安全用水用电的意识，操作前进行水、电、气检查 3. 具备安全生产意识，按现场要求穿戴劳动保护用品，保持加热设备旁不摆放易燃易爆物质的习惯 4. 具备节能意识，对非常温设备和管路采取保温措施 5. 养成良好的操作习惯，经常检查各设备和阀门状态，不得擅离工作岗位，不乱动现场电源开关、阀门 6. 如实记录现场环境、条件和数据等，数据需完整、规范、真实、准确(记录结果弄虚作假扣全部安全环保分20分)	与评审专家顶撞等态度恶劣者本项记0分

五、实训报告要求

① 认真、如实填写操作报表。

② 提出提高泵送过滤速率的操作建议。

六、实训问题思考

① 过滤时，在什么情况下采用常压、减压（真空）、加压操作？
② 提高过滤速率的方法有哪些？
③ 如何做到安全、有效地进行泵送过滤操作？
④ 泵送过滤过程中如何做到节能、环保？

任务三　恒压板框过滤操作

一、实训任务

① 掌握板框压滤机、空气压缩机的基本构造和工作原理。
② 熟练掌握恒压板框过滤工艺流程。
③ 掌握板框压滤机的基本操作过程及恒压过滤常见故障及处理方法。

二、实训操作及注意事项

1. 开车前准备

① 由相关操作人员组成装置检查小组，对本装置所有设备、管道、阀门、仪表、电气等按工艺流程图要求和专业技术要求进行检查。

② 检查所有仪表是否处于正常状态。

③ 检查所有设备是否处于正常状态。

④ 试电：a. 检查外部供电系统，确保控制柜上所有开关均处于关闭状态；b. 开启外部供电系统总电源开关；c. 打开控制柜上空气开关；d. 打开装置仪表空气开关，打开仪表电源开关，查看所有仪表是否上电、指示是否正常；e. 将各阀门顺时针旋转操作到关的状态。

⑤ 准备原料。根据过滤具体要求，确定原料碳酸钙悬浮液的浓度，含 $CaCO_3$ 浓度为 10%～30%，计算出所需要清水的体积及碳酸钙的质量，用电子秤称好碳酸钙质量备用。

⑥ 正确装好滤板、滤框，滤布使用前用水浸湿，滤布要绷紧，不能起皱，滤布紧贴滤板，密封垫贴紧滤布。

2. 开车

① 关闭搅拌罐排污阀（VA02），开启搅拌罐进水阀（VA01），注意观察搅拌罐液位，当通入所需一半清水时，开启搅拌装置，把 $CaCO_3$ 粉末缓慢加入搅拌罐搅拌。

② 继续加水至搅拌罐规定液位（小于 1/2）处，关闭进水阀（VA01），闭合搅拌罐顶盖。

③ 开启原料罐进口阀门（VA03），液位至 2/3 处后，停止进料，关闭阀门（VA03），开启空气压缩机、阀门（VA11、VA12 及 VA17），使容器内的料浆不断搅拌，此时要不断地开启阀门（VA18）进行排气。浆料混合均匀后，开启阀门（VA21）、阀门（VA06）及阀门（VA08），观察压力表（PI905）是否为 0.1MPa，对阀门（VA12）进行微调，压力稳

定后，关闭阀门（VA06），开启阀门（VA07）进行恒压过滤。记录一定时间内滤液收集罐的滤液体积。原料罐原料不足时停止试验。

④ 用上述同样的方法可以试验不同压力下恒压过滤，记录不同压力下的数据。

⑤ 过滤结束后，关闭阀门（VA17、VA21），开启阀门（VA27）往洗涤罐通入清水，至 2/3 液位处，关闭阀门（VA27），开启阀门（VA22、VA26），进行洗涤试验，可通过观察滤液的浑浊变化判断是否结束。

⑥ 实验结束后，停止空压机，开启滤液收集罐出口阀门（VA08），放空滤液。

3. 停车

① 关闭浆料泵，将搅拌罐剩余浆料通过排污阀门直接排掉，关闭排污阀（VA02），开启进水阀（VA01），清洗搅拌罐。

② 用清水原料罐。

③ 卸开过滤机，回收滤饼，以备下次实验时使用。

④ 冲洗滤框、滤板，刷洗滤布，滤布不要打折。

⑤ 开启原料罐、滤液收集罐的排污阀（VA20、VA09），排掉容器内的液体，并清洗罐体。

⑥ 进行现场清理，保持各设备、管路洁净。

⑦ 切断控制台、仪表盘电源。

⑧ 做好操作记录，计算出恒压过滤常数。

4．工艺指标

（1）温度控制

板框压滤机进口温度（TI901）：20~40℃。

（2）压力控制

板框压滤机进口压力（PI903）：0.05~0.3MPa；

空气管道压力调节阀（PI905）：≈0.1MPa；

空气管道压力调节阀（PI906）：≈0.2MPa；

空气管道压力调节阀（PI907）：≈0.3MPa。

5．注意事项

① 配制原料时，注入一定清水后，边搅拌边通入剩下的清水。

② 过滤压力不得大于 0.3MPa。

③ 实验结束后，要及时清洗管路、设备和浆料泵，确保整个装置清洁。

三、实训数据记录

恒压板框过滤实训操作报表				
装置号：_____ 操作员：_____ _____年_____月_____日				
序号	时间	压滤机进口压力/MPa	压滤机进口温度/℃	滤液收集槽液位高度/mm
1				
2				
3				

四、实训考评

"恒压板框过滤操作"考核评分表

实训者姓名：　　　　装置号：　　　　日期：　　　　得分：

评价内容	配分	评 分 说 明	备 注
操作规范 80 分	开车准备(20分)	1. 现场设备、仪表、阀门检查 2. 试电检查，包括设备控制柜、空气开关、仪表电源等 3. 阀门状态检查 4. 准备原料 5. 正确安装板框压滤机	
	开车操作及运行(30分)	1. 正确加水至搅拌罐1/2，开启搅拌罐，将$CaCO_3$粉末缓慢加入搅拌罐搅拌 2. 打开原料罐放空阀，将料浆放入原料罐 3. 关闭原料罐放空阀及出口阀，打通压缩空气通道，启动空气压缩机对原料罐加压，开始过滤，记录相应数据 4. 正确洗涤滤饼，可通过滤液浑浊变化判断洗涤是否结束 5. 停空压机，收集滤液	
	停车操作(30分)	1. 清水洗涤搅拌罐、原料罐等 2. 拆卸滤饼并回收 3. 正确冲洗板、框及滤布 4. 管线排污，清理现场 5. 关闭控制柜仪表电源开关，切断总电源，做好操作记录	
职业素养 20 分	安全生产、节约、环保(20分)	1. 养成按6S(整理、整顿、清扫、清洁、修养、安全)管理要求的工作习惯，操作过程中进行设备的定置和归位，保持工作现场的清洁，及时排出废液并进行清洗 2. 具有安全用水用电的意识，操作前进行水、电、气检查 3. 具备安全生产意识，按现场要求穿戴劳动保护用品，保持加热设备旁不摆放易燃易爆物质的习惯 4. 具备节能意识，对非常温设备和管路采取保温措施 5. 养成良好的操作习惯，经常检查各设备和阀门状态，不得擅离工作岗位，不乱动现场电源开关、阀门 6. 如实记录现场环境、条件和数据等，数据需完整、规范、真实、准确(记录结果弄虚作假扣全部安全环保分20分)	与评审专家顶撞等态度恶劣者本项记0分

五、实训报告要求

① 认真、如实填写操作报表。
② 提出提高恒压过滤速率的操作建议。

六、实训问题思考

① 提高恒压过滤速率的方法有哪些？
② 如何做到安全、有效地进行恒压过滤操作？
③ 恒压过滤过程中如何做到节能、环保？

项目四
UTS系列蒸发器的操作

项目描述

某化工厂欲将5%的NaOH水溶液浓缩至10%，请根据操作装置现场及设备、阀门、仪表一览表，在现场装置完成膜式蒸发装置的开车准备和开车操作，并填写操作记录单。

项目四 动画扫一扫

项目分析

完成此任务须确定该蒸发任务的生产方案包括蒸发器的选型、加热剂的选择及其工艺参数的确定、操作规程，因此本项目分蒸发流程认知及膜式蒸发器操作两个子任务来完成。

任务一 蒸发流程认知

一、实训任务

① 了解升膜式蒸发器的基本构造和工作原理。
② 掌握升膜式蒸发器操作工艺流程。
③ 熟悉升膜式蒸发器操作规程、常见故障及处理方法。

二、实训流程与装置认知

1. 流程

UTS系列蒸发器操作工艺流程见图2-5。本装置以"NaOH-水溶液"为体系，采用升膜式蒸发器，以导热油代替水蒸气作为热源进行蒸发操作。

(1) 常压蒸发流程

原料罐VA1001内的NaOH水溶液由进料泵P1001进入预热器E1002的壳程，被管程的高温导热油预热后，进入蒸发器F1001的管程，受热沸腾迅速汽化，蒸汽在管内高速上升，带动溶液沿壁面成膜状上升并继续蒸发。到达分离器VA1002内的气液混合物，在分离器内分离，产品由分离器底部排除到产品罐；二次蒸汽从顶部导出到冷凝器E1003的管程，被壳程的冷却水冷凝后，到达汽水分离器VA1004，再次分离不凝气体后，液体收集到冷凝液罐VA1005。

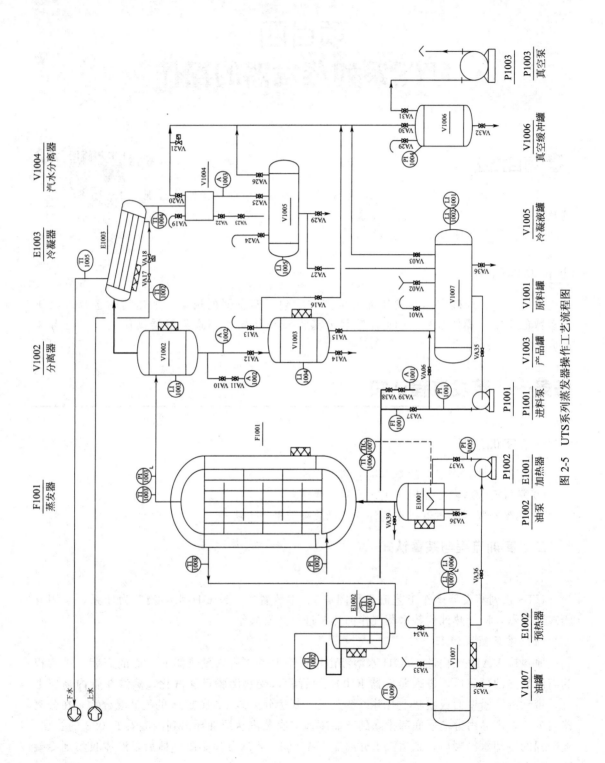

图 2-5 UTS 系列蒸发器操作工艺流程图

(2) 真空蒸发流程

本装置配置了真空流程，主物料流程如常压蒸发流程。在原料罐 VA1001、产品罐 VA1003、汽水分离器 VA1004、冷凝液罐 VA1005 均设置抽真空阀，被抽出的系统物料气体经真空总管进入真空缓冲罐 VA1006，然后由真空泵 P1003 抽出放空。

(3) 导热油流程

油罐 VA1007 内的导热油经油泵 P1002 到达加热器 E1001，被加热到一定的温度后，进入蒸发器 F1001 的壳程，给原料提供热源后到达预热器 E1002 的管程，对原料进行预热，回流到油罐 VA1007，进行循环。

2. 设备

(1) 静设备一览表

名称	规格型号	材质	形式
原料罐	$\phi400mm \times 800mm, V=92L$	不锈钢	卧式
分离器	$\phi250mm \times 480mm, V=13L$	不锈钢	立式
产品罐	$\phi300mm \times 460mm, V=21L$	不锈钢	立式
汽水分离器	$\phi100mm \times 200mm, V=1.5L$	不锈钢	立式
冷凝液罐	$\phi350mm \times 780mm, V=65L$	不锈钢	卧式
油罐	$\phi400mm \times 850mm, V=65L$	不锈钢	卧式
加热器	$\phi350mm \times 570mm$, 加热功率 $P=22kW$	不锈钢	立式
预热器	$\phi200mm \times 800mm, F=0.26m^2$	不锈钢	立式
蒸发器	$\phi273mm \times 2100mm, F=1.1m^2$	不锈钢	立式
冷凝器	$\phi200mm \times 780mm, F=0.26m^2$	不锈钢	卧式
真空缓冲罐	$\phi300mm \times 680mm, V=45L$	不锈钢	立式

(2) 动设备一览表

名称	规格型号	数量
油泵	功率 $P=0.75kW$，流量 $Q_{max}=4.5m^3/h$，$U=380V$	1
进料泵	功率 $P=90W$，流量 $Q_{max}=42L/h$，$U=220V$	1
真空泵	流量 $Q_{max}=4L/s$，$U=380V$	1

(3) 阀门一览表

编号	设备阀门功能	编号	设备阀门功能
VA01	原料罐放空阀	VA09	原料取样阀
VA02	原料罐进料阀	VA10	产品取样减压阀
VA03	原料罐抽真空阀	VA11	产品取样阀
VA04	原料罐排污阀	VA12	产品罐进料阀
VA05	原料罐出料阀	VA13	产品罐放空阀
VA06	进料泵出口回流阀	VA14	产品罐排污阀
VA07	进料泵出口阀	VA15	产品回流阀
VA08	原料取样减压阀	VA16	产品罐抽真空阀

续表

编号	设备阀门功能	编号	设备阀门功能
VA17	冷凝器进冷却水流量调节阀	VA29	真空缓冲罐放空阀
VA18	冷凝器进冷却水故障电磁阀	VA30	真空缓冲罐进料阀
VA19	汽水分离器放空阀	VA31	真空缓冲罐抽真空阀
VA20	汽水分离器抽真空阀	VA32	真空缓冲罐排污阀
VA21	真空系统故障电磁阀	VA33	油罐进料阀
VA22	冷凝液取样减压阀	VA34	油罐放空阀
VA23	冷凝液取样阀	VA35	油罐排污阀
VA24	冷凝液罐放空阀	VA36	油罐出料阀
VA25	冷凝液罐进料阀	VA37	油泵出口阀
VA26	冷凝液罐放空阀	VA38	加热器排污阀
VA27	冷凝液回流阀	VA39	蒸发器和预热器排污阀
VA28	冷凝液排污阀		

三、实训考评

"蒸发流程认知"考核评分表

实训者姓名：　　　装置号：　　　日期：　　　得分：

评价内容	配分	评分说明	备注
操作规范 80分	设备、仪表、阀门的指认与介绍（20分）	设备：升膜式蒸发器、冷凝器、汽水分离器、进料泵、油泵、油罐、原料罐、产品罐等 仪表：压力表、液位计、温度计、流量计等 阀门：球阀、截止阀、闸阀等	随机抽取指认
	工艺流程口头描述（60分）	1. 导热油流程 2. 烧碱原料液输送流程 3. 浓缩烧碱产品分离流程 4. 真空蒸发流程	根据描述情况酌情打分
职业素养 20分	安全生产、节约、环保（20分）	1. 养成按6S（整理、整顿、清扫、清洁、修养、安全）管理要求的工作习惯，操作过程中进行设备的定置和归位，保持工作现场的清洁，及时排出废液并进行清洗 2. 具有安全用水用电的意识，操作前进行水、电、气检查 3. 具备安全生产意识，按现场要求穿戴劳动保护用品，保持加热设备旁不摆放易燃易爆物质的习惯 4. 具备节能意识，对非常温设备和管路采取保温措施 5. 养成良好的操作习惯，经常检查各设备和阀门状态，不得擅离工作岗位，不乱动现场电源开关、阀门 6. 如实记录现场环境、条件和数据等，数据需完整、规范、真实、准确（记录结果弄虚作假扣全部安全环保分20分）	与评审专家顶撞等态度恶劣者本项记0分

四、实训报告要求

① 绘制膜式蒸发工艺流程图。
② 简单说明常压、真空蒸发流程。

五、实训问题思考

① 蒸发时，在什么情况下采用常压、减压（真空）、加压操作？
② 提高蒸发强度的方法有哪些？

任务二　膜式蒸发器操作

一、实训任务

① 了解升膜式蒸发器的基本构造和工作原理。
② 进行实际操作，熟悉升膜式蒸发器的操作方法。
③ 熟悉升膜式蒸发器常见故障及处理方法。

二、实训操作及工艺指标

1. 开车前准备

① 由相关操作人员组成装置检查小组，对本装置所有设备、管道、阀门、仪表、电气、保温等按工艺流程图要求和专业技术要求进行检查。
② 检查所有仪表是否处于正常状态。
③ 检查所有设备是否处于正常状态。
④ 试电：a. 检查外部供电系统，确保控制柜上所有开关均处于关闭状态；b. 开启总电源开关；c. 打开控制柜上空气开关 33（1QF）；d. 打开装置仪表电源总开关（2QF），打开仪表电源开关 SA1，查看所有仪表是否上电、指示是否正常；e. 将各阀门顺时针旋转操作到关的状态。
⑤ 准备原料。配制 70L 质量浓度为 1% 的 NaOH 水溶液，待用。

2. 开车

（1）常压操作

① 检查油罐 VA1007 内液位是否正常，并保持其正常液位。
② 开启油泵进料阀 VA36，启动油泵 P1002，开启油泵出口阀 VA37，向系统内进导热油。待油罐 V1007 液位基本稳定时，开启加热器 E1001 加热系统（首先在监控软件上手动控制加热功率大小，待温度缓慢升高到实验值时，调为自动），使导热油打循环。
③ 当加热器出口导热油温度基本稳定在 105~140℃时，开始进原料。
④ 打开阀门 VA01、VA02，将事先配制好的原料加入到原料罐 V1001 内（注意：通过调节旁路阀 VA06，控制进料流量缓慢增大）。打开阀门 VA05、VA06、VA07、VA19，启动进料泵 P1001，向系统内进料液，当预热器出口料液温度高于 50℃时，开启冷凝器的冷却水进水阀 VA17。

⑤ 当分离器 V1002 液位达到 1/3 时，开产品罐进料阀 VA12；当汽水分离器 V1004 内液位达到 1/3 时，开启冷凝液罐 V1005 进料阀 VA25。当系统压力偏高时可通过汽水分离器放空阀 VA19，适当排放不凝性气体。

⑥ 当系统稳定（加热器出口、预热器出口导热油温度稳定）时，取样分析产品和冷凝液的纯度，当产品纯度达到要求时，采出产品和冷凝液；当产品纯度不符合要求时，通过产品罐循环阀 VA15、冷凝液罐循环阀 VA27，原料继续蒸发，到采出合格的产品（注意：通过降低进料流量、提高导热油温度等方法，可以得到高纯度的产品；反之，纯度低）。

⑦ 调整系统各工艺参数稳定，建立平衡体系。

⑧ 按时做好操作记录。

（2）减压操作

① 检查油罐 VA1007 内液位是否正常，并保持其正常液位。

② 开启油泵进料阀 VA36，启动油泵 P1002，开启油泵出口阀 VA37，向系统内进导热油。待蒸发器顶有导热油流下时，开启加热器 E1001 加热系统（首先在监控软件上手动控制加热功率大小，待温度缓慢升高到实验值时，调为自动），使导热油打循环。

③ 当加热器出口导热油温度基本稳定在 105～140℃时，开始进抽真空。

④ 开启真空缓冲罐抽真空阀 VA31，关闭真空缓冲罐进气阀 VA30，关闭真空缓冲罐放空阀 VA29。

⑤ 启动真空泵，当真空缓冲罐真空度达到 0.04MPa 时，缓开真空缓冲罐进气阀 VA30 及开启各储槽的抽真空阀门（VA03、VA16、VA20、VA26）。当系统真空度达到 0.02～-0.04MPa 时，关真空缓冲罐抽真空阀 VA31，停真空泵，其中，真空度控制采用间歇启动真空泵方式，当系统真空度大于 0.04MPa 时，停真空泵；当系统真空度小于 0.02MPa 时，启动真空泵。

⑥ 打开阀门 VA01、VA02，将事先配制好的原料加入到原料罐 V1001 内。打开阀门 VA05、VA06、VA07、VA19，启动进料泵 P1001，向系统内进料液，当预热器出口料液温度高于 50℃时，开启冷凝器的冷却水进水阀 VA17。

⑦ 当分离器 V1002 液位达到 1/3 时，开产品罐进料阀 VA12；当汽水分离器 V1004 内液位达到 1/3 时，开启冷凝液罐 V1005 进料阀 VA25。当系统压力偏高时可通过汽水分离器放空阀 VA19，适当排放不凝性气体。

⑧ 当系统稳定（加热器出口、预热器出口导热油温度稳定）时，取样分析产品和冷凝液的纯度，当产品纯度达到要求时，继续采出产品和冷凝液；当产品纯度不符合要求时，通过产品罐循环阀 VA15、冷凝液罐循环阀 VA27，原料继续蒸发，到采出合格的产品。

⑨ 调整系统各工艺参数稳定，建立平衡体系。

⑩ 按时做好操作记录。

3. 停车操作

（1）常压停车

① 系统停止进料，关闭原料泵进出、口阀，停进料泵。

② 当塔顶分离器液位无变化、无冷凝液馏出后，关闭塔顶冷凝器冷却水进水阀停冷却水。

③ 停止加热器加热系统。
④ 当分离器、汽水分离器内的液位排放完时,关闭相应阀门。
⑤ 待加热器出口导热油温度＜100℃,关闭油泵出口阀,停止油泵。
⑥ 打开加热器排污阀VA38、蒸发器排污阀VA39,将系统内的导热油回收到油罐。
⑦ 停控制台、仪表盘电源。
⑧ 做好设备及现场的整理工作。

(2) 减压停车
① 系统停止进料,关闭原料泵进出、口阀,停进料泵。
② 当塔顶分离器液位无变化、无冷凝液馏出后,关闭塔顶冷凝器冷却水进水阀停冷却水。
③ 停止加热器加热系统。
④ 当分离器、汽水分离器内的液位排放完时,关闭相应阀门。
⑤ 当系统温度降到40℃左右,缓慢开启真空缓冲罐放空阀门,破除真空,系统恢复至常压状态。
⑥ 待加热器出口导热油温度＜100℃,关闭油泵出口阀,停止油泵。
⑦ 打开加热器排污阀VA38、蒸发器排污阀VA39,将系统内的导热油回收到油罐。
⑧ 停控制台、仪表盘电源。
⑨ 做好设备及现场的整理工作。

4. 工艺指标
(1) 压力控制
系统真空度:0.02~0.04MPa。
(2) 温度控制
加热器出口导热油温度:105~140℃;
塔顶物料温度约110℃(可根据产品浓度作相应调整);
冷却器出口液体温度:约60℃。
(3) 流量控制
进料流量:10~20L/h;
冷却器冷却水流量:约0.5m^3/h。
(4) 液位控制
油罐液位:100~270mm,高位报警H=270mm,低位报警L=100mm;
原料罐液位:100~320mm,高位报警H=300mm,低位报警L=100mm。

三、注意事项及故障排除

1. 注意事项
① 系统采用自来水作试漏检验时,系统加水速率应缓慢,系统高点排气阀应打开,密切监视系统压力,严禁超压。
② 加热器加热系统启动时应保证液位满罐,严防干烧损坏设备,且导热油的加热应缓慢,防止油系统温度控制不稳定。
③ 油罐内导热油应控制在其正常液位,防止油加热膨胀,导热油溢出。

④ 蒸发器初始进料时进料速率不宜过快，防止物料没有汽化，影响蒸发效果。

⑤ 减压时，系统真空度不宜过高，控制在 0.02～0.04MPa，真空度控制采用间歇启动真空泵方式，当系统真空度高于 0.04MPa 时，停真空泵；当系统真空度低于 0.02MPa 时，启动真空泵。

⑥ 减压蒸发采样为双阀采样，操作方法为：先开上端采样阀，当样液充满上端采样阀和下端采样阀间的管道时，关闭上端采样阀，开启下端采样阀，用量筒接取样液，采样后关下端采样阀。

⑦ 塔顶冷凝器的冷却水流量应保持在 400～600L/h，保证出冷凝器塔顶液相在 30～40℃、塔底冷凝器出口产品保持在 40～50℃。

2．故障判断与排除

（1）塔顶冷凝器无冷凝液产生

在蒸发正常操作中，教师给出隐蔽指令（关闭塔顶冷却水入口的电磁阀 VA18），停通冷却水，学生通过观察温度、压力及冷凝器冷凝量等的变化，分析系统异常的原因并作处理，使系统恢复到正常操作状态。

（2）真空泵全开时系统无负压

在减压蒸发正常操作中，教师给出隐蔽指令（打开真空管道中的电磁阀 VA21），使管路直接与大气相通，学生通过观察压力、塔顶冷凝器冷凝量等的变化，分析系统异常的原因并作处理，使系统恢复到正常操作状态。

四、数据记录

1．常压流程

		常压膜式蒸发实训操作报表															
装置号：_____ 操作员：_____ ____年____月____日																	
序号	时间	导热油系统					物料系统										
		油罐液位/mm	油泵出口压力/MPa	加热器内加热丝开度/%	加热器出口温度/℃		蒸发器出口温度/℃	预热器出口温度/℃	原料罐液位/mm	进料泵出口压力/MPa	进料流量/(L/h)	预热器进口温度/℃	蒸发器进口温度/℃	二次蒸汽温度/℃	冷凝液温度/℃	蒸发器进口压力/kPa	蒸发器出口压力/kPa	分离器液位/mm	产品罐液位/mm	冷凝液罐液位/mm
					现场	远传														
1																				
2																				
3																				
4																				
5																				
操作记事																				
异常情况记录																				

2. 真空流程

减压膜式蒸发实训操作报表

装置号：_____ 操作员：_____ _____年_____月_____日

序号	时间	导热油系统						物料系统									
		油罐液位/mm	油泵出口压力/MPa	加热器内加热丝开度/%	加热器出口温度/℃		蒸发器出口温度/℃	预热器出口温度/℃	原料罐液位/mm	进料泵出口压力/MPa	进料流量/(L/h)	预热器出口温度/℃	蒸发器进口温度/℃	二次蒸汽温度/℃	冷凝液温度/℃	蒸发器进口压力/kPa	蒸发器出口压力/kPa	分离器液位/mm	产品罐液位/mm	冷凝液罐液位/mm
					现场	远传														
1																				
2																				
3																				
4																				
5																				
操作记事																				
异常情况记录																				

五、考核评分表

"膜式蒸发器操作"考核评分表

实训者姓名：_____ 装置号：_____ 日期：_____ 得分：_____

评价内容	配分	评分说明	备注
操作规范 80分	开车准备(20分)	1. 现场设备、仪表、阀门检查 2. 试电检查，包括设备控制柜、空气开关、仪表电源等 3. 阀门状态检查 4. 准备原料	
	开车操作及运行(30分)	1. 打通加热油路循环线路，开启油泵 2. 开启油加热器，调节加热频率控制加热油出口温度稳定 3. 打通原料通道，开启原料泵，调节进料速度 4. 当有大量蒸汽冷凝液产生时，采出产品，并记录相应数据 5. 如进行减压操作，其抽真空步骤在加热油循环升温与进料步骤之间进行	
	停车操作(30分)	1. 停止进料 2. 待无冷凝水产生时停冷却水，进行产品回收。若真空蒸发，则此时打开放空阀放空，恢复常压 3. 停加热油加热装置，待油温降至合适温度时关闭油泵，并将加热油全部回收至加热油罐 4. 管线排污，清理现场 5. 关闭控制柜仪表电源开关，切断总电源，做好操作记录	

续表

评价内容	配分	评分说明	备注
职业素养 20分	安全生产、节约、环保(20分)	1. 养成按6S(整理、整顿、清扫、清洁、修养、安全)管理要求的工作习惯,操作过程中进行设备的定置和归位,保持工作现场的清洁,及时排出废液并进行清洗 2. 具有安全用水用电的意识,操作前进水、电、气检查 3. 具备安全生产意识,按现场要求穿戴劳动保护用品,保持加热设备旁不摆放易燃易爆物质的习惯 4. 具备节能意识,对非常温设备和管路采取保温措施 5. 养成良好的操作习惯,经常检查各设备和阀门状态,不得擅离工作岗位,不乱动现场电源开关、阀门 6. 如实记录现场环境、条件和数据等,数据需完整、规范、真实、准确(记录结果弄虚作假扣全部安全环保分20分)	与评审专家顶撞等态度恶劣者本项记0分

六、实训报告要求

① 认真、如实填写操作报表。
② 提出提高蒸发速率的操作建议。

七、实训问题思考

① 膜式蒸发相对于循环性蒸发有何特点?适用于什么场合?
② 真空与常压蒸发条件如何选择?
③ 如何做到安全、有效地进行蒸发操作?
④ 蒸发过程中如何做到节能、环保?

项目五
UTS系列流化床干燥器的操作

项目描述

某化工厂欲将湿基含水量32%的聚氯乙烯树脂干燥至湿基含水量0.5%,请根据操作装置现场及设备、阀门、仪表一览表,在现场装置完成流化床干燥装置的开车准备和开车操作,并填写操作记录单。

项目五 动画扫一扫

项目分析

完成此任务须确定该干燥任务的生产方案包括干燥器的选型、干燥介质、加热剂的选择及其工艺参数的确定、操作规程等,因此本项目分流化床干燥流程认知及流化床干燥器操作两个子任务来完成。

任务一　流化床干燥流程认知

一、实训任务

① 了解卧式流化床干燥器的基本构造和工作原理。
② 掌握卧式流化床干燥器操作工艺流程。
③ 熟悉卧式流化床干燥器操作规程、常见故障及处理方法、节能降耗措施。

二、实训流程与装置认知

1. 流程

UTS系列流化床干燥器操作工艺流程见图2-6。本装置用小米(或其他)-水-空气组成干燥物系,采用卧式流化床干燥器进行干燥操作。

空气由鼓风机C501送到电加热炉E501加热后,分别进入卧式流化床T501的三个气体分配室,然后进入流化床床层,在床层上与固体湿物料进行传热、传动后,由流化床上部扩大部分沉降分离固体物后,经旋风分离器F501、布袋分离器F502分级除尘后分为两路,一路直接放空;一路经循环风机C502提高压力后送入卧式流化床干燥器的三个气体分配室作为补充气体和热能回收利用。

固体湿物料由星型下料器E502加入,经星型下料器E502控制流量后缓慢进入卧式流化床T501床层,经热空气流化干燥后由出料口排入干燥出料槽V501。

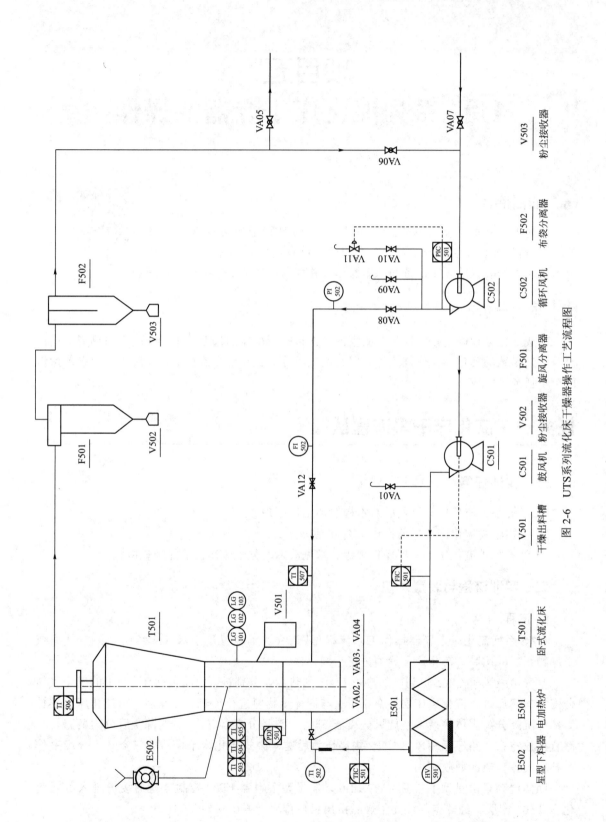

图 2-6 UTS系列流化床干燥器操作工艺流程图

2. 设备
(1) 静设备一览表

名称	规格/mm	材质	备注
卧式流化床	650×390×1080	304 不锈钢	
电加热炉	$\phi 190 \times 1120$	304 不锈钢	内加翅片式加热管
旋风分离器	$\phi 120 \times 650$	304 不锈钢	锥形结构
布袋分离器	160×160×60	304 不锈钢	100 目袋滤器
加料漏斗	$\phi 240 \times 200$	304 不锈钢	

(2) 动设备一览表

名称	规格型号	数量
鼓风机	风机功率,$P=1.1$kW,流量 $Q_{max}=180 m^3/h$,$U=380$V	1
循环风机	风机功率,$P=1.1$kW,流量 $Q_{max}=180 m^3/h$,$U=380$V	1

(3) 阀门一览表

编号	名称	编号	名称
VA01	鼓风机出口放空阀	VA07	循环风机进新鲜空气阀
VA02	第一床层进气阀	VA08	循环风机出口阀
VA03	第二床层进气阀	VA09	循环风机出口放空阀
VA04	第三床层进气阀	VA10	循环风机出口压力调节阀
VA05	干燥后气体放空阀	VA11	循环风机出口压力电动调节阀
VA06	循环风机进气阀	VA12	循环气体流量调节阀

三、实训考评

"流化床干燥流程认知"考核评分表

实训者姓名： 装置号： 日期： 得分：

评价内容	配分	评分说明	备注
操作规范 80分	设备、仪表、阀门的指认与介绍 (20分)	设备:流化床干燥器、旋风分离器、布袋分离器、鼓风机、循环风机、出料槽、电加热炉、星型下料器等 仪表:压力表、液位计、温度计、孔板流量计、转子流量计等 阀门:球阀、截止阀、闸阀、自动控制阀等	随机抽取指认
	工艺流程口头描述(60分)	1. 湿物料输送流程 2. 新鲜空气输送流程 3. 循环风输送流程 4. 产品分离流程	根据描述情况酌情打分

续表

评价内容	配分	评分说明	备注
职业素养 20分	安全生产、节约、环保(20分)	1. 养成按6S(整理、整顿、清扫、清洁、修养、安全)管理要求的工作习惯,操作过程中进行设备的定置和归位,保持工作现场的清洁,及时排出废液并进行清洗 2. 具有安全用水用电的意识,操作前进行水、电、气检查 3. 具备安全生产意识,按现场要求穿戴劳动保护用品,保持加热设备旁不摆放易燃易爆物质的习惯 4. 具备节能意识,对非常温设备和管路采取保温措施 5. 养成良好的操作习惯,经常检查各设备和阀门状态,不得擅离工作岗位,不乱动现场电源开关、阀门 6. 如实记录现场环境、条件和数据等,数据需完整、规范、真实、准确(记录结果弄虚作假扣全部安全环保分20分)	与评审专家顶撞等态度恶劣者本项记0分

四、实训报告要求

① 绘制流化床干燥工艺流程图。
② 简单说明流化床干燥工艺流程,重点说明如何进行废气循环及产品分离。

五、实训问题思考

① 干燥时,在什么情况下采用常压、减压(真空)操作?
② 提高干燥速率的方法有哪些?

任务二　流化床干燥器操作

一、实训任务

① 了解卧式流化床干燥器的基本构造和工作原理。
② 进行实际操作,熟悉卧式流化床干燥器的操作方法。
③ 熟悉卧式流化床干燥器常见故障及处理方法。

二、实训操作及工艺指标

1. 开车前准备

① 由相关操作人员组成装置检查小组,对本装置所有设备、管道、阀门、仪表、电气等按工艺流程图要求和专业技术要求进行检查。
② 检查所有仪表是否处于正常状态。
③ 检查所有设备是否处于正常状态。
④ 试电：a. 检查外部供电系统,确保控制柜上所有开关均处于关闭状态；b. 开启外部供电系统总电源开关；c. 打开控制柜上空气开关；d. 打开装置仪表空气开关,打开仪表电源开关,查看所有仪表是否上电、指示是否正常；e. 将各阀门顺时针旋转操作到关

的状态。

⑤ 准备原料。取物料（小米或相对密度为 1.0～1.2、粒径为 1～2mm 的其他固体物料）5～8kg，加水配制，其湿基含量为 20%～30%。

2. 开车

① 依次打开卧式流化床 T501 各床层进气阀（VA02、VA03、VA04）和放空阀 VA05；

② 启动鼓风机 C501，通过鼓风机出口放空阀 VA01 手动调节其流量为 80～120m³/h，此时变频控制为全速，也可以关闭放空阀 VA01，直接通过变频控制流量为 80～120m³/h。

③ 启动电加热炉 E501 加热系统，并调节加热功率使空气温度缓慢上升至 70～80℃，并趋于稳定。

④ 微开放空阀 VA05，打开循环风机进气阀 VA06、循环风机出口阀 VA08、循环流量调节阀 VA12，打通循环回路。

⑤ 启动循环风机 C502，开循环风机出口压力调节阀 VA10，通过循环风机出口压力电动调节阀 VA11 控制循环风机出口压力为 4～5kPa。

⑥ 待电加热炉出口气体温度稳定、循环气体的流量稳定后，开始进料。

⑦ 将配制好的物料加入下料斗，启动星型下料器 E502，控制加料速度在 200～400r/min，并且注意观察流化床床层物料状态及其厚度。

注意：根据物料的湿度和流动性，通过流化床内的螺丝调节各床层间栅栏的高度，保证物料顺畅地流下。

⑧ 物料进流化床体初期应根据物料被干燥状况控制出料，此时可以将物料布袋封起，物料循环干燥，待物料流动顺畅时，可以连续出料。

⑨ 调节流化床各床层进气阀（VA02、VA03、VA04）的开度和循环风机出口压力 PIC501，使三个床层的温度稳定在 55℃左右，并能观察到明显的流化状态。

⑩ 观察流化状态，并取样分析，填写操作报表。

3. 停车

① 关闭星型下料器 E502，停止向流化床 T501 内进料；

② 当流化床体内物料排净后，关闭电加热炉 E501 的加热系统；

③ 打开放空阀 VA05，关闭循环风机进口阀 VA06、出口阀 VA08，停循环风机 C502；

④ 当电加热炉 E501 出口温度降到 50℃以下时，关闭流化床各床层进气阀 VA02、VA03、VA04，停鼓风机 C501；

⑤ 清理干净卧式流化床、粉尘接收器内的残留物；

⑥ 依次关闭直流电源开关、仪表电源开关、报警电源开关以及装置仪表空气开关；

⑦ 关闭控制柜空气开关；

⑧ 切断总电源；

⑨ 场地清理。

4. 工艺指标

物料：小米或相对密度为 1.0～1.2、粒径为 1～2mm 的其他易吸水的固体物料。

物料湿基含量：20%～30%。

流化床进气温度：70～80℃。

流化床床层温度：50～60℃。

流化床床层压降：≤0.3kPa。
气体流量：80～120m³/h。
循环风机出口压力：4～5kPa。
循环气体流量：80～110m³/h。
下料器转速：200～400r/min。
尾气放空量：适量（由物料湿度决定）。

三、注意事项及故障排除

1. 正常操作注意事项

① 经常观察床层物料流动和流化状况，调节相应床层气体流量和下料速度。

② 经常检查风机运行状况，注意电机温升。

③ 电加热炉内有流动的气体时才可启动加热系统，鼓风机出口流量不得低于30m³/h，电加热炉停车时，温度不得超过50℃。

④ 做好操作巡检工作。

2. 故障的判断与排除

（1）风量波动大

在干燥正常操作中，教师给出隐蔽指令，改变风机的工作状态（风机空气放空），学生通过观察干燥器温度、流量和压降等参数的变化情况，分析引起系统异常的原因并作处理，使系统恢复到正常操作状态。

（2）电加热器断电

在干燥正常操作中，教师给出隐蔽指令，改变空气预热器的工作状态（电加热器断电），学生通过观察干燥器温度、流量和物料干燥度等参数的变化情况，分析引起系统异常的原因并作处理，使系统恢复到正常操作状态。

（3）循环风机出口无流量显示

在干燥正常操作中，教师给出隐蔽指令，改变循环风机出口压力电动调节阀的开度，学生通过观察干燥器温度、流量和压降等参数的变化情况，分析引起系统异常的原因并作处理，使系统恢复到正常操作状态。

四、数据记录

流化床干燥实训操作报表													
装置号：_____ 操作员：_____ 年_____月_____日													
序号	时间	鼓风机出口流量/(m³/h)	流化床进口气体温度(现场)/℃	流化床进口气体温度(远传)/℃	第一床层温度/℃	第二床层温度/℃	第三床层温度/℃	流化床出口温度/℃	流化床床层压差/kPa	循环气体流量/(m³/h)	循环风机出口压力/kPa	循环气路管道压力/kPa	下料器下料转速/(r/min)
1													
2													
3													
4													
5													

续表

序号	时间	鼓风机出口流量/(m³/h)	流化床进口气体温度(现场)/℃	流化床进口气体温度(远传)/℃	第一床层温度/℃	第二床层温度/℃	第三床层温度/℃	流化床出口温度/℃	流化床床层压差/kPa	循环气体流量/(m³/h)	循环风机出口压力/kPa	循环气路管道压力/kPa	下料器下料转速/(r/min)
6													
7													
8													
9													
操作记事													
异常情况记录													

五、考核评分表

"流化床干燥器操作"考核评分表

实训者姓名：　　　　装置号：　　　　日期：　　　　得分：

评价内容	配分	评分说明	备注
操作规范 80分	开车准备(20分)	1. 现场设备、仪表、阀门检查 2. 试电检查，包括设备控制柜、空气开关、仪表电源等 3. 阀门状态检查 4. 准备原料	
	开车操作及运行(40分)	1. 打通冷风通道，开启冷风机，调节至流量稳定 2. 打开热风加热炉，调节加热功率至炉出口温度稳定 3. 打通循环风通路，开启循环风机，调节循环比例，控制总风量及总风压 4. 打通湿物料通道，开启星型下料器进料，调节至湿物料正常流化，观察流化状态，采出产品并记录数据	
	停车操作(20分)	1. 停止进料，关闭星型下料器 2. 停止空气加热，关闭热风加热炉 3. 打开放空阀，停循环风机，待空气温度降至合适值，停冷风机 4. 管线排污，清理现场 5. 关闭控制柜仪表电源开关，切断总电源，做好操作记录	
职业素养 20分	安全生产、节约、环保(20分)	1. 养成按6S(整理、整顿、清扫、清洁、修养、安全)管理要求的工作习惯，操作过程中进行设备的定置和归位，保持工作现场的清洁，及时排出废液并进行清洗 2. 具有安全用水用电的意识，操作前进行水、电、气检查 3. 具备安全生产意识，按现场要求穿戴劳动保护用品，保持加热设备旁不摆放易燃易爆物质的习惯 4. 具备节能意识，对非常温设备和管路采取保温措施 5. 养成良好的操作习惯，经常检查各设备和阀门状态，不得擅离工作岗位，不乱动现场电源开关、阀门 6. 如实记录现场环境、条件和数据等，数据需完整、规范、真实、准确(记录结果弄虚作假扣全部安全环保分20分)	与评审专家顶撞等态度恶劣者本项记0分

六、实训报告要求

① 认真、如实填写操作报表。
② 提出提高干燥速率的操作建议。

七、实训问题思考

① 提高干燥速率的方法有哪些？
② 如何做到安全、有效地进行干燥操作？
③ 干燥过程中如何做到节能、环保？

项目六
UTS系列吸收-解吸塔的操作

项目描述

某化工厂欲将101.3kPa、20℃下的二氧化碳-空气混合气中的二氧化碳回收,请根据操作装置现场及设备、阀门、仪表一览表,在现场装置完成吸收-解吸装置的开车准备和开车操作,并填写操作记录单。

项目六

项目分析

完成此任务须确定该分离任务的生产方案包括吸收塔的选型、吸收剂的选择及其工艺参数的确定、操作规程等,因此本项目分吸收-解吸流程认知及吸收-解吸操作与控制两个子任务来完成。

任务一 吸收-解吸流程认知

一、实训任务

① 了解吸收-解吸塔的基本构造和工作原理。
② 掌握吸收-解吸装置工艺流程。
③ 熟悉机泵、容器、塔器的操作方法。
④ 熟悉吸收-解吸塔常见故障及处理方法。

二、实训流程与装置认知

1. 流程

UTS系列吸收-解吸装置工艺流程见图2-7。本装置采用水-二氧化碳体系为吸收-解吸体系,进行操作。

二氧化碳钢瓶内二氧化碳经减压后与风机出口空气,按一定比例混合(通常控制混合气体中CO_2含量在5%~20%),经稳压罐稳定压力及气体成分混合均匀后,进入吸收塔下部,混合气体在塔内和吸收液体逆向接触,气体中的二氧化碳被水吸收后,由塔顶排出。

吸收CO_2气体后的富液由吸收塔底部排出至富液槽,富液经富液泵送至解吸塔上部,与解吸空气在塔内逆向接触。富液中二氧化碳被解吸出来,解吸出的气体由塔顶排出放空,解吸后的贫液由解吸塔下部排入贫液槽。贫液经贫液泵送至吸收塔上部循环使用,继续进行二氧化碳气体吸收操作。

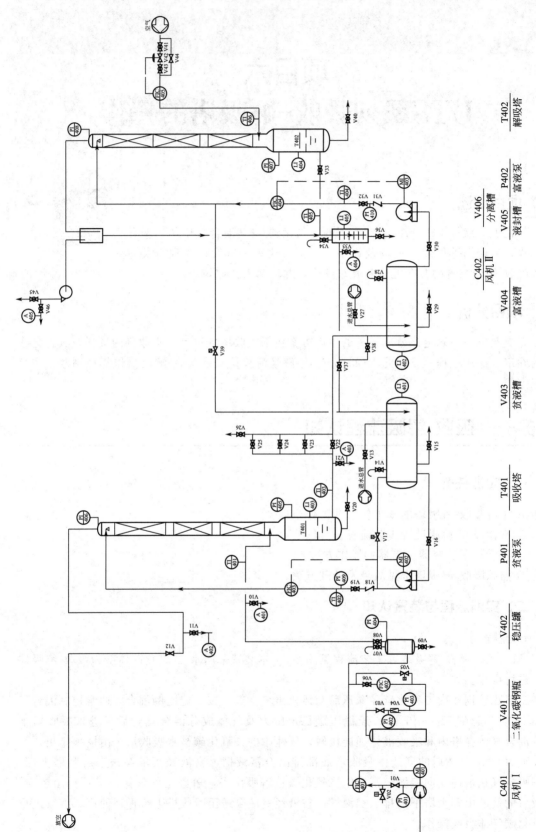

图 2-7 UTS系列吸收-解吸装置工艺流程图

2. 设备一览表

(1) 罐类设备一览表

名称	规格/mm	容积	材质	结构形式
贫液槽	$\phi 426 \times 600$	85L	304不锈钢	卧式
富液槽	$\phi 426 \times 600$	85L	304不锈钢	卧式
稳压罐	$\phi 300 \times 500$	35L	304不锈钢	立式
液封槽	$\phi 102 \times 400$	3L	304不锈钢	立式
分离槽	$\phi 120 \times 200$	2L	玻璃	立式

(2) 塔体及其附件一览表

名称	规格	备注
吸收塔	主体塔节有机玻璃 $\phi 100mm \times 1500mm$；上出口段,不锈钢, $\phi 108mm \times 150mm$；下部入口段,不锈钢 $\phi 200mm \times 500mm$;	不锈钢规整丝网填料,高度1500mm
解吸塔	主体塔节有机玻璃 $\phi 100mm \times 1500mm$；上出口段,不锈钢, $\phi 108mm \times 150mm$；下部入口段,不锈钢 $\phi 200mm \times 500mm$;	不锈钢丝网填料,高度1500mm

(3) 主要动力设备一览表

C401	风机Ⅰ	漩涡气泵 功率:0.12kW 最大流量:21m³/h 工作电压:380V	HG-120-C 220V(单相)
C402	风机Ⅱ	漩涡气泵 功率:0.75kW 最大流量:110m³/h 工作电压:380V	HG-750-C 380V(三相)
P401	吸收水泵P401	不锈钢离心泵 扬程:14.6m 流量:3.6m³/h 供电:三相380V,0.37kW 泵壳材质:不锈钢 进口:$1^{1/4}$,出口:1	MS60/0.37 380V(三相)
P402	吸收水泵P402	不锈钢离心泵 扬程:14.6m 流量:3.6m³/h 供电:三相380V,0.37kW 泵壳材质:不锈钢 进口:$1^{1/4}$,出口:1	MS60/0.37 380V(三相)

(4) 主要阀门一览表

阀门位号	阀门名称	阀门位号	阀门名称
V01	风机Ⅰ出口阀	V24	吸收塔排液阀
V02	风机Ⅰ出口电磁阀	V25	吸收塔排液阀
V03	钢瓶出口阀	V26	吸收塔排液放空阀
V04	钢瓶减压阀	V27	富液槽进水阀
V05	二氧化碳流量计旁路电磁阀	V28	富液槽放空阀
V06	二氧化碳流量计阀门	V29	富液槽排污阀
V07	稳压罐放空阀	V30	富液泵进水阀
V08	稳压罐出口阀	V31	富液泵出口止回阀
V09	稳压罐排污阀	V32	富液泵出口阀
V10	吸收塔进塔气体取样阀	V33	解吸塔排液阀
V11	吸收塔出塔气体取样阀	V34	液封槽放空阀
V12	吸收塔放空阀	V35	液封槽排污阀
V13	贫液槽进水阀	V36	液封槽底部排液取样阀
V14	贫液槽放空阀	V37	液封槽排液阀
V15	贫液槽排污阀	V38	解吸液回流阀
V16	贫液泵进水阀	V39	解吸液管路故障电磁阀
V17	吸收液管路故障电磁阀	V40	解吸塔排污阀
V18	贫液泵出口止回阀	V41	调节阀切断阀
V19	贫液泵出口阀	V42	调节阀
V20	吸收塔排污阀	V43	调节阀切断阀
V21	吸收塔出口液体取样阀	V44	调节阀旁路阀
V22	吸收塔排液阀	V45	风机Ⅱ出口阀
V23	吸收塔排液阀	V46	风机Ⅱ出口取样阀

三、实训考评

"吸收-解吸流程认知"考核评分表

实训者姓名：　　　装置号：　　　日期：　　　得分：

评价内容	配分	评分说明	备注
操作规范 80分	设备、仪表、阀门的指认与介绍（20分）	设备：吸收塔、解吸塔、送风机、抽风机、贫液泵、富液泵、贫液罐、富液罐、气相色谱仪等 仪表：压力表、液位计、温度计、流量计等 阀门：球阀、截止阀、闸阀等	随机抽取指认
	工艺流程口头描述（60分）	1. 吸收工艺流程 2. 解吸工艺流程 3. 吸收-解吸相联动工艺流程	根据描述情况酌情打分

续表

评价内容	配分	评分说明	备注
职业素养 20分	安全生产、节约、环保（20分）	1. 养成按6S（整理、整顿、清扫、清洁、修养、安全）管理要求的工作习惯，操作过程中进行设备的定置和归位，保持工作现场的清洁，及时排出废液并进行清洗 2. 具有安全用水用电的意识，操作前进行水、电、气检查 3. 具备安全生产意识，按现场要求穿戴劳动保护用品，保持加热设备旁不摆放易燃易爆物质的习惯 4. 具备节能意识，对非常温设备和管路采取保温措施 5. 养成良好的操作习惯，经常检查各设备和阀门状态，不得擅离工作岗位，不乱动现场电源开关、阀门 6. 如实记录现场环境、条件和数据等，数据需完整、规范、真实、准确（记录结果弄虚作假扣全部安全环保分20分）	与评审专家顶撞等态度恶劣者本项记0分

四、实训报告要求

① 绘制吸收-解吸工艺流程图。
② 简单说明吸收工艺流程、解吸工艺流程、吸收-解吸联动工艺流程。

五、实训问题思考

① 在什么情况下吸收和解吸采用常压、减压（真空）、加压操作？
② 提高吸收-解吸速率的方法有哪些？
③ 工业生产中有哪些常用的解吸方法？

任务二 吸收-解吸操作

一、实训任务

① 了解吸收-解吸塔的基本构造和工作原理。
② 掌握吸收-解吸工艺流程。
③ 进行实际操作，熟悉机泵、容器、塔器的操作方法。
④ 熟悉吸收-解吸塔常见故障及处理方法。

二、实训操作与工艺指标

1. 开车前准备

① 由相关操作人员组成装置检查小组，对本装置所有设备、管道、阀门、仪表、电气、照明、分析、保温等按工艺流程图要求和专业技术要求进行检查。
② 检查所有仪表是否处于正常状态。
③ 检查所有设备是否处于正常状态。
④ 试电：a. 检查外部供电系统，确保控制柜上所有开关均处于关闭状态；b. 开启外部

供电系统总电源开关；c. 打开控制柜上空气开关；d. 打开仪表电源空气开关、仪表电源开关。查看所有仪表是否上电、指示是否正常；e. 将各阀门顺时针旋转操作到关的状态，检查孔板流量计正压阀和负压阀是否均处于开启状态（实验中保持开启）。

⑤ 加装实训用水

a. 打开贫液槽（V403）、富液槽（V404）、吸收塔（T401）、解吸塔（T402）的放空阀（V14、V28、V12、V45），关闭各设备排污阀（V09、V15、V20、V29、V35、V40）。

b. 开贫液槽（V403）进水阀（V13），往贫液槽（V403）内加入清水，至贫液槽液位1/2～2/3处，关进水阀（V13）；开富液槽（V404）进水阀（V27），往富液槽（V404）内加入清水，至富液槽液位1/2～2/3处，关进水阀（V27）。

2. 开车

（1）液相开车

① 开启贫液泵（P401）进水阀（V16）、启动贫液泵（P401）、开启贫液泵（P401）出口阀（V19），往吸收塔（T401）送入吸收液，调节贫液泵（P401）出口流量为1m^3/h，开启阀V22、阀V23，控制吸收塔（扩大段）液位在1/3～2/3处。

② 开启富液泵（P402）进水阀（V30），启动富液泵（P402），开启富液泵出口阀（V32），调节富液泵（P402）出口流量为1m^3/h，全开阀V33、阀V37。

③ 调节富液泵（P402）、贫液泵（P401）出口流量趋于相等，控制富液槽（V404）和贫液槽（V403）液位处于1/3～2/3处，调节整个系统液位、流量稳定。

（2）气液联动开车

① 启动风机Ⅰ（C401），打开风机Ⅰ（C401）出口阀（V01），稳压罐（V402）出口阀（V08）向吸收塔（T401）供气，逐渐调整出口风量为2m^3/h。

② 调节二氧化碳钢瓶（V401）减压阀（V04），控制减压阀（V04）后压力<0.1MPa，流量为100L/h。

③ 调节吸收塔顶放空阀V12，控制塔内压力（表压）在0～7.0kPa。

④ 根据实验选定的操作压力，选择相应的吸收塔（T401）排液阀（V22、V23、V24、V25），稳定吸收塔（T401）液位在可视范围内。

⑤ 吸收塔气液相开车稳定后，进入解吸塔气相开车阶段。启动风机Ⅱ（C402），打开解吸塔气体调节阀（V41、V42、V43），调节气体流量在4m^3/h，缓慢开启风机Ⅱ（C402）出口阀（V45），调节塔釜压力（表压）在-7.0～0kPa，稳定解吸塔（T402）液位在可视范围内。

⑥ 系统稳定半小时后，进行吸收塔进口气相采样分析、吸收塔出口气相采样分析、解吸塔出口气相组分分析，视分析结果进行系统调整，控制吸收塔出口气相产品质量。

⑦ 视实训要求可重复测定几组数据进行对比分析。

（3）液泛实验

① 解吸塔液泛。当系统液相运行稳定后，加大气相流量，直至解吸塔系统出现液泛现象。

② 吸收塔液泛。当系统液相运行稳定后，加大气相流量，直至解吸塔系统出现液泛现象。

3. 停车

① 关二氧化碳钢瓶出口阀门；

② 关贫液泵出口阀（V19），停贫液泵（P401）；
③ 关富液泵出口阀（V32），停富液泵（P402）；
④ 停风机Ⅰ（C401）；
⑤ 停风机Ⅱ（C402）；
⑥ 将两塔（T401、T402）内残液排入污水处理系统；
⑦ 检查停车后各设备、阀门、仪表状况；
⑧ 切断装置电源，做好操作记录；
⑨ 场地清理。

4．各项工艺操作指标
二氧化碳钢瓶出口压力≤4.8MPa；
减压阀后压力≤0.04MPa；
二氧化碳减压阀后流量约100L/h；
吸收塔风机出口风量约2m^3/h；
吸收塔进气压力（表压）2.0～6.0kPa；
贫液泵出口流量约1m^3/h；
解吸塔风机出口风量约4m^3/h；
解吸塔风机出口压力（表压）－6～－2kPa；
富液泵出口流量约1m^3/h；
贫液槽液位1/3～2/3液位计；
富液槽液位1/3～2/3液位计；
吸收塔液位1/3～2/3液位计；
解吸塔液位1/3～2/3液位计。

三、注意事项及故障排除

1．正常操作注意事项
① 安全生产，控制好吸收塔和解吸塔液位，富液槽液封操作，严防气体窜入贫液槽和富液储槽；严防液体进入风机Ⅰ和风机Ⅱ。
② 符合净化气质量指标前提下，分析有关参数变化，对吸收液、解吸液、解析空气流量进行调整，保证吸收效果。
③ 注意系统吸收液量，定时往系统补入吸收液。
④ 要注意吸收塔进气流量及压力稳定，随时调节二氧化碳流量和压力至稳定值。
⑤ 防止吸收液"跑、冒、滴、漏"。
⑥ 注意泵密封与泄漏。注意塔、槽液位和泵出口压力变化，避免产生汽蚀。
⑦ 经常检查设备运行情况，如发现异常现象应及时处理或通知老师处理。
⑧ 整个系统采用气相色谱在线分析。

2．故障的判断与排除
（1）进吸收塔的混合气中二氧化碳浓度波动大
在吸收-解吸正常操作中，教师给出隐蔽指令，改变吸收质中的二氧化碳流量，学生通过观察浓度、流量和液位等参数的变化情况，分析引起系统异常的原因并作处理，使系统恢复到正常操作状态。

(2) 吸收塔压力保不住（无压力）

在吸收-解吸正常操作中，教师给出隐蔽指令，改变吸收塔放空阀工作状态，学生通过观察浓度、流量和液位等参数的变化情况，分析引起系统异常的原因并作处理，使系统恢复到正常操作状态。

(3) 进吸收塔的混合气中二氧化碳浓度波动大

在吸收-解吸正常操作中，教师给出隐蔽指令，改变吸收质中的空气流量，学生通过观察浓度、流量和液位等参数的变化情况，分析引起系统异常的原因并作处理，使系统恢复到正常操作状态。

(4) 解吸塔发生液泛

在吸收-解吸正常操作中，教师给出隐蔽指令，改变风机Ⅱ出口空气流量，学生通过观察解吸塔浓度、流量和液位等参数的变化情况，分析引起系统异常的原因并作处理，使系统恢复到正常操作状态。

(5) 吸收塔液相出口量减少

在吸收-解吸正常操作中，教师给出隐蔽指令，改变贫液泵吸收剂的流量，学生通过观察吸收塔浓度、流量和液位等参数的变化情况，分析引起系统异常的原因并作处理，使系统恢复到正常操作状态。

四、数据记录

吸收-解吸实训操作报表

装置号：_____　操作员：_____　_____年____月____日

序号	时间	吸收塔进塔气相温度/℃	吸收塔进塔液相温度/℃	吸收塔出塔气相温度/℃	富液泵出口温度/℃	解吸塔出塔液相温度/℃	解吸塔进塔液相温度/℃	吸收塔底气相压力/kPa	吸收塔顶气相压力/kPa	解吸塔底气相压力/kPa	解吸塔顶气相压力/kPa	风机Ⅰ出口流量/(m³/h)	解吸塔进塔气相流量/(m³/h)	贫液泵出口流量/(m³/h)	富液泵出口流量/(m³/h)
1															
2															
3															
4															
5															
6															
7															
8															
9															
操作记事															
异常情况记录															

五、考核评分表

"吸收-解吸操作"考核评分表

实训者姓名：　　　　装置号：　　　　日期：　　　　得分：

评价内容	配分	评分说明	备注
操作规范 80分	开车准备(20分)	1. 现场设备、仪表、阀门检查 2. 试电检查,包括设备控制柜、空气开关、仪表电源等 3. 阀门状态检查 4. 准备原料,贫液罐、富液罐加水至一定液位	
	开车操作及运行(40分)	1. 打通贫液路线,开启贫液泵,调节流量并控制吸收塔底液位稳定 2. 打通富液路线,开启富液泵,调节流量并控制解吸塔底液位稳定 3. 调节贫液泵、富液泵流量,形成液位稳定的吸收塔至解吸塔的液相联动循环 4. 打通吸收塔送风系统,启动送风机,调节至要求风量及吸收塔顶气体出口压力,加大气相量直至出现液泛现象,记录数据 5. 打通解吸塔抽风系统,启动抽风机,调节至要求风量及解吸塔顶气体出口压力,加大气相量直至出现液泛现象,记录数据	
	停车操作(20分)	1. 停贫液泵及富液泵 2. 停送风系统及抽风系统 3. 塔内及管线排污,清理现场 4. 关闭控制柜仪表电源开关,切断总电源,做好操作记录。	
职业素养 20分	安全生产、节约、环保(20分)	1. 养成按6S(整理、整顿、清扫、清洁、修养、安全)管理要求的工作习惯,操作过程中进行设备的定置和归位,保持工作现场的清洁,及时排出废液并进行清洗 2. 具有安全用水用电的意识,操作前进行水、电、气检查 3. 具备安全生产意识,按现场要求穿戴劳动保护用品,保持加热设备旁不摆放易燃易爆物质的习惯 4. 具备节能意识,对非常温设备和管路采取保温措施 5. 养成良好的操作习惯,经常检查各设备和阀门状态,不得擅离工作岗位,不乱动现场电源开关、阀门 6. 如实记录现场环境、条件和数据等,数据需完整、规范、真实、准确(记录结果弄虚作假扣全部安全环保分20分)	与评审专家顶撞等态度恶劣者本项记0分

六、实训报告要求

① 认真、如实填写操作报表。
② 提出提高吸收-解吸速率的操作建议。

七、实训问题思考

① 在什么情况下吸收和解吸采用常压、减压（真空）、加压操作？
② 提高吸收-解吸速率的方法有哪些？
③ 如何做到安全、有效地进行吸收-解吸操作？
④ 吸收-解吸过程中如何做到节能、环保？

项目七　UTS系列精馏塔的操作

📀 项目描述

某化工厂欲将10%～20%（质量分数）的乙醇-水混合液进行分离，获得塔顶馏出液乙醇的浓度大于95%（质量分数）、塔釜残液乙醇浓度小于5%（质量分数）的合格产品，请根据操作装置现场及设备、阀门、仪表一览表，在现场装置完成UTS系列精馏装置的开车准备和开车操作，并填写操作记录单，要求做到安全、稳定、高产、节能。

项目七
动画扫一扫

📋 项目分析

完成此任务须确定该分离任务的生产方案包括精馏塔的选型、工艺流程的确定及其工艺参数的确定、操作规程等，因此本项目分精馏流程认知及精馏操作与控制两个子任务来完成。

任务一　精馏流程认知

一、实训任务

① 识读精馏装置的工艺流程图。
② 了解精馏塔、塔釜再沸器、塔顶全凝器等主要设备的结构、功能和布置。
③ 了解电器、仪表测量原理及使用方法。

二、实训装置与流程认知

1. 常压精馏流程

如图2-8所示，原料槽V703内10%～20%的水-乙醇混合液，经原料泵P702输送至原料加热器E701，预热后，由精馏塔中部进入精馏塔T701，进行分离，气相由塔顶馏出，经冷凝器E702冷却后，进入冷凝液槽V705，经产品泵P701，一部分送至精馏塔上部第一块塔板作回流用；一部分送至塔顶产品槽V702作产品采出。塔釜残液经塔底换热器E703冷却后送到残液槽V701，也可不经换热，直接到残液V701。

2. 真空精馏流程

启动真空泵，使系统真空度达到实验规定的指标，使其可进行真空精馏操作。
真空精馏操作时应根据系统真空度，及时控制真空泵的负荷。

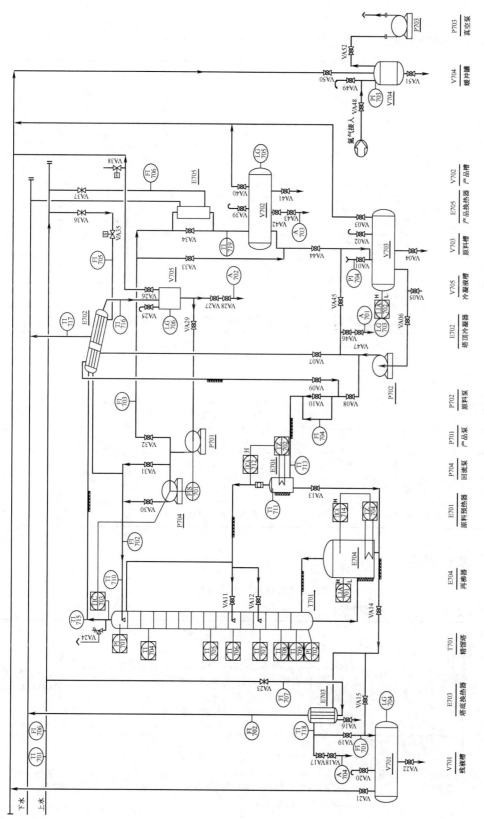

图 2-8 UTS系列精馏装置流程图

3. 设备概况

（1）静设备一览表

编号	名　称	规格型号	数量
1	塔底产品槽	不锈钢（牌号 SUS304，下同），$\phi 529mm \times 1160mm, V=200L$	1
2	塔顶产品槽	不锈钢，$\phi 377mm \times 900mm, V=90L$	1
3	原料槽	不锈钢，$\phi 630mm \times 1200mm, V=340L$	1
4	真空缓冲罐	不锈钢，$\phi 400mm \times 800mm, V=90L$	1
5	冷凝液槽	不锈钢，$\phi 200mm \times 450mm, V=16L$	1
6	原料加热器	不锈钢，$\phi 426mm \times 640mm, V=46L, P=9kW$	1
7	塔顶冷凝器	不锈钢，$\phi 370mm \times 1100mm, F=2.2m^2$	1
8	再沸器	不锈钢，$\phi 528mm \times 1100mm, P=21kW$	1
9	塔底换热器	不锈钢，$\phi 260mm \times 750mm, F=1.0m^2$	1
10	精馏塔	主体不锈钢 $DN200$；共 14 块塔板	1
11	产品换热器	不锈钢，$\phi 108mm \times 860mm, F=0.1m^2$	1

（2）动设备一览表

编号	名　称	规格型号	数量
1	回流泵	齿轮泵	1
2	产品泵	齿轮泵	1
3	原料泵	离心泵	1
4	真空泵	旋片式真空泵（流量 4L/s）	1

三、实训考评

"精馏流程认知"考核评分表

实训者姓名：　　　装置号：　　　日期：　　　得分：

评价内容	配分	评 分 说 明	备 注
操作规范 80 分	设备、仪表、阀门的指认与介绍（20分）	设备：板式塔、冷凝器、预热器、原料罐、产品罐、回流罐、残液罐、进料泵、回流泵、产品泵、再沸器、全凝器等 仪表：压力表、液位计、温度计、流量计等 阀门：球阀、截止阀、闸阀、自动控制阀等	随机抽取指认
	工艺流程口头描述（60分）	1. 原料路线：原料罐—进料泵—预热器—加料板—各塔板—塔釜—上升蒸汽/残液 2. 凝液路线：全凝器—馏出罐—采出泵—产品罐 3. 回流液路线：全凝器—馏出罐—回流泵—塔顶—各塔板	根据描述情况酌情打分

续表

评价内容	配分	评分说明	备注
职业素养 20 分	安全生产、节约、环保(20分)	1. 养成按 6S(整理、整顿、清扫、清洁、修养、安全)管理要求的工作习惯,操作过程中进行设备的定置和归位,保持工作现场的清洁,及时排出废液并进行清洗 2. 具有安全用水用电的意识,操作前进行水、电、气检查 3. 具备安全生产意识,按现场要求穿戴劳动保护用品,保持加热设备旁不摆放易燃易爆物质的习惯 4. 具备节能意识,对非常温设备和管路采取保温措施 5. 养成良好的操作习惯,经常检查各设备和阀门状态,不得擅离工作岗位,不乱动现场电源开关、阀门 6. 如实记录现场环境、条件和数据等,数据需完整、规范、真实、准确(记录结果弄虚作假扣全部安全环保分 20 分)	与评审专家顶撞等态度恶劣者本项记 0 分

四、实训报告要求

① 绘制精馏工艺流程图。
② 简单说明精馏进料、液相回流、气相回流、产品采出、原料预热等流程。

五、实训问题思考

① 蒸馏与精馏操作的差别是什么?
② 回流比是如何影响产品质量及产量的?
③ 操作中如何控制和调节塔釜压力?

任务二　精馏操作

一、实训任务

① 掌握精馏工艺流程。
② 了解精馏塔、塔釜再沸器、塔顶全凝器等主要设备的结构、功能和布置。
③ 了解电器、仪表测量原理及使用方法。
④ 掌握常压与减压、板式与填料精馏塔的操作、故障分析。

二、实训操作及注意事项

1. 开车前准备

① 由相关操作人员组成装置检查小组,对本装置所有设备、管道、阀门、仪表、电气、分析、保温等按工艺流程图要求和专业技术要求进行检查。
② 检查所有仪表是否处于正常状态。
③ 检查所有设备是否处于正常状态。

④ 试电

a. 检查外部供电系统，确保控制柜上所有开关均处于关闭状态。

b. 开启外部供电系统总电源开关。

c. 打开控制柜上空气开关。

d. 打开装置仪表电源总开关，打开仪表电源开关，查看所有仪表是否上电、指示是否正常。

e. 将各阀门顺时针旋转操作到关的状态。

⑤ 准备原料。配制质量比为10%～20%的乙醇溶液200L，通过原料槽进料阀（VA01），加入到原料槽，到其容积的1/2～2/3。

⑥ 开启公用系统。将冷却水管进水总管和自来水龙头相连、冷却水出水总管接软管到下水道，已备待用。

2. 开车

(1) 常压精馏操作

① 配制一定浓度的乙醇与水的混合溶液，加入原料槽。

② 开启控制台、仪表盘电源。

③ 开启原料泵进出口阀门（VA06、VA08），精馏塔原料液进口阀（VA10、VA11）。

④ 开启塔顶冷凝液槽放空阀（VA25）。

⑤ 关闭预热器和再沸器排污阀（VA13和VA15）、再沸器至塔底冷却器连接阀门（VA14）、塔顶冷凝液槽出口阀（VA29）。

⑥ 启动原料泵（P702），开启原料泵出口阀门快速进料（VA10），当原料预热器充满原料液后，可缓慢开启原料预热器加热器，同时继续往精馏塔塔釜内加入原料液，调节好再沸器液位，并酌情停原料泵。

⑦ 启动精馏塔再沸器加热系统，系统缓慢升温，开启精馏塔塔顶冷凝器冷却水进、出水阀（VA36），调节好冷却水流量，关闭冷凝液槽放空阀（VA25）。

⑧ 当冷凝液槽液位达到1/3时，开产品泵（P701）阀门（VA29、VA31），启动产品泵（P701），系统进行全回流操作，控制冷凝液槽液位稳定，控制系统压力、温度稳定。当系统压力偏高时可通过冷凝液槽放空阀（VA25）适当排放不凝性气体。

⑨ 当系统稳定后，开塔底换热器冷却水进、出口阀（VA23），开再沸器至塔底换热器阀门（VA14），开塔顶冷凝器至产品槽阀门（VA32）。

⑩ 手动或自动［开启回流泵（P3704）］调节回流量，控制塔顶温度，当产品符合要求时，可转入连续精馏操作，通过调节产品流量控制塔顶冷凝液槽液位。

⑪ 当再沸器液位开始下降时，可启动原料泵，将原料打入原料预热器预热，调节加热功率，原料达到要求温度后，送入精馏塔，或开原料至塔顶换热器的阀门，让原料与塔顶产品换热回收热量后进入原料预热器预热，再送入精馏塔。

⑫ 调整精馏系统各工艺参数稳定，建立塔内平衡体系。

⑬ 按时做好操作记录。

(2) 减压精馏操作

① 配制一定浓度的乙醇与水的混合溶液，加入原料槽。

② 开启控制台、仪表盘电源。

③ 开启原料泵进出、口阀（VA06、VA08），精馏塔原料液进口阀（VA10、VA11）。

④ 关闭预热器和再沸器排污阀（VA13 和 VA15）、再沸器至塔底冷凝器连接阀（VA14）、塔顶冷凝液槽出口阀（VA29）。

⑤ 启动原料泵快速进料，当原料预热器充满原料液后，可缓慢开启原料预热器加热器，同时继续往精馏塔塔釜内加入原料液，调节好再沸器液位，并酌情停原料泵。

⑥ 开启真空缓冲罐进、出口阀（VA50、VA52），开启各储槽的抽真空阀门（除原料罐外，原料罐始终保持放空），关闭其他所有放空阀门。

⑦ 启动真空泵，精馏系统开始抽真空，当系统真空度达到 0.05MPa 左右时，关真空缓冲槽出口阀（VA50），停真空泵。

⑧ 启动精馏塔再沸器加热系统，系统缓慢升温，开启精馏塔塔顶换热器冷却水进、出水阀，调节好冷却水流量。

⑨ 当冷凝液槽液位达到 1/3 时，开启回流泵 A 进、出口阀，启动回流泵 A，系统进行全回流操作，控制冷凝液槽液位稳定，控制系统压力、温度稳定。当系统压力偏高时可通过真空泵适当排放不凝性气体，控制好系统真空度。

⑩ 当系统稳定后，开塔底换热器冷却水进、出口阀（VA23），开再沸器至塔底换热器阀门（VA14），开塔顶冷凝器至产品槽阀门（VA32）。

⑪ 手动或自动［开启回流泵（P704）］调节回流量，控制塔顶温度，当产品符合要求时，可转入连续精馏操作，通过调节产品流量控制塔顶冷凝液槽液位。

⑫ 当再沸器液位开始下降时，可启动原料泵，将原料打入原料预热器预热，调节加热功率，原料达到要求温度后，送入精馏塔，或开原料至塔顶换热器的阀门，让原料与塔顶产品换热回收热量后进入原料预热器预热，再送入精馏塔。

⑬ 调整精馏系统各工艺参数稳定，建立塔内平衡体系。

⑭ 按时做好操作记录。

3. 停车操作

（1）常压精馏停车

① 系统停止加料，停止原料预热器加热，关闭原料液泵进、出口阀（VA06、VA08），停原料泵。

② 根据塔内物料情况，停止再沸器加热。

③ 当塔顶温度下降，无冷凝液馏出后，关闭塔顶冷凝器冷却水进水阀（VA36），停冷却水，停产品泵和回流泵，关泵进、出口阀（VA29、VA30、VA31 和 VA32）。

④ 当再沸器和预热器物料冷却后，开再沸器和预热器排污阀（VA13、VA14 和 VA15），放出预热器及再沸器内物料，开塔底冷凝器排污阀（VA16），塔底产品槽排污阀（VA22），放出塔底冷凝器内物料、塔底产品槽内物料。

⑤ 停控制台、仪表盘电源。

⑥ 做好设备及现场的整理工作。

（2）减压精馏停车

① 系统停止加料，停止原料预热器加热，关闭原料液泵进、出口阀（VA06、VA08），停原料泵。

② 根据塔内物料情况，停止再沸器加热。

③ 当塔顶温度下降，无冷凝液馏出后，关闭塔顶冷凝器冷却水进水阀（VA36），停冷却水，停回流泵产品泵，关泵进、出口阀（VA29、VA30、VA31 和 VA32）。

④ 当系统温度降到 40℃左右，缓慢开启真空缓冲罐放空阀门（VA49），破除系统真空，然后开精馏系统各处放空阀（开阀门速度应缓慢），破除系统真空，系统恢复至常压状态。

⑤ 当再沸器和预热器物料冷却后，开再沸器和预热器排污阀（VA13、VA14 和 VA15），放出预热器及再沸器内物料，开塔底冷凝器排污阀（VA16），塔底产品槽排污阀（VA22），放出塔底冷凝器内物料、塔底产品槽内物料。

⑥ 停控制台、仪表盘电源。

⑦ 做好设备及现场的整理工作。

4．各项工艺操作指标

（1）温度控制

预热器出口温度（TICA712）：75～85℃，高限报警：$H=85℃$（具体根据原料的浓度来调整）；再沸器温度（TICA714）：80～100℃，高限报警：$H=100℃$（具体根据原料的浓度来调整）；塔顶温度（TIC703）：78～80℃（具体根据产品的浓度来调整）。

（2）流量控制

冷凝器上冷却水流量：600L/h；进料流量：40L/h；回流流量与塔顶产品流量由塔顶温度控制。

（3）液位控制

再沸器液位：0～280mm，高限报警：$H=196mm$，低限报警：$L=84mm$；原料槽液位：100～800mm，高限报警：$H=800mm$，低限报警：$L=100mm$。

（4）压力控制

系统压力（表压）：$-0.04\sim0.02MPa$。

（5）质量浓度控制

原料中乙醇含量：20％。塔顶产品乙醇含量：90％；塔底产品乙醇含量：5％。

注意：以上浓度分析指标是指用乙醇比重计在样品冷却后进行粗测定的值，若分析方法改变，则应作相应换算。

三、注意事项

① 精馏塔系统采用自来水作试漏检验时，系统加水速度应缓慢，系统高点排气阀应打开，密切监视系统压力，严禁超压。

② 再沸器内液位高度一定要超过 100mm，才可以启动再沸器电加热器进行系统加热，严防干烧损坏设备。

③ 原料加热器启动时应保证液位满罐，严防干烧损坏设备。

④ 精馏塔釜加热应逐步增加加热电压，使塔釜温度缓慢上升，升温速率过快，宜造成塔视镜破裂（热胀冷缩），大量轻、重组分同时蒸发至塔釜内，延长塔系统达到平衡时间。

⑤ 精馏塔塔釜初始进料时进料速率不宜过快，防止塔系统进料速率过快、满塔。

⑥ 系统全回流时应控制回流流量和冷凝流量基本相等，保持回流液槽一定液位，防止回流泵抽空。

⑦ 系统全回流流量控制在50L/h，保证塔系统气液接触效果良好，塔内鼓泡明显。

⑧ 减压精馏时，系统压力不宜过高，控制在0.02～0.04MPa（真空度），系统压力控制采用间歇启动真空泵方式，当系统压力高于0.04MPa（真空度）时，停真空泵；当系统压力低于0.02MPa（真空度）时，启动真空泵。

⑨ 减压精馏采样为双阀采样，操作方法为：先开上端采样阀，当样液充满上端采样阀和下端采样阀间的管道时，关闭上端采样阀，开启下端采样阀，用量筒接取样液，采样后关下端采样阀。

⑩ 在系统进行连续精馏时，应保证进料流量和采出流量基本相等，各处流量计操作应互相配合，默契操作，保持整个精馏过程的操作稳定。

⑪ 塔顶冷凝器的冷却水流量应保持在400～600L/h，保证出冷凝器塔顶液相在30～40℃、塔底冷凝器产品出口保持在40～50℃。

⑫ 分析方法可以为乙醇比重计分析或色谱分析。

四、数据记录

UTS精馏操作实训操作报表										
操作员：_____ 日期：___年___月___日 评分：_____ 原料罐初始液位(L_1)_____mm 原料罐终液位(L_2)_____mm 原料消耗量[计算公式：$(L_1-L_2)\times 0.305$]=_____kg 水表初始读数(V_1)_____m^3 水表终读数(V_2)_____m^3 水消耗量[计算公式：(V_1-V_2)]=_____m^3 电表初始读数(A_1)_____kW·h 电表终读数(A_2)_____kW·h 电消耗量[计算公式：(A_1-A_2)]=_____kW·h										
时间(每10min记一次)	温度/℃			流量/(L/h)			液位/mm		压力/kPa	
	进料温度	塔釜温度	塔顶温度	进料量	采出量	回流量	塔釜液位	产品液位	塔釜压力	塔顶压力
操作记事										
异常情况记录										

五、实训考评

"UTS 系列精馏操作"考核评分表

实训者姓名：　　　　　　装置号：　　　　　日期：　　　　　得分：

考核项目	评分项		标准分值	评分说明与说明	得分
技术指标	工艺指标合理性（单点式记分）	进料温度	5	进料温度与进料板温度差不超过指定范围，超出范围持续一定时间系统将自动扣分	
		再沸器液位		再沸器液位需要维持稳定在指定范围，超出范围持续一定时间系统将自动扣分	
		塔顶压力		塔顶压力需控制在指定范围，超出范围持续一定时间系统将自动扣分	
		塔压差		塔压差需控制在指定范围，超出范围持续一定时间系统将自动扣分	
	调节系统稳定的时间（非线性记分）		5	以选手按下"考核开始"键作为起始信号，终止信号由电脑根据操作者的实际塔顶温度经自动判断。然后由系统设定的扣分标准进行自动记分	
	产品浓度评分（非线性记分）		25	GC 测定产品罐中最终产品浓度，按系统设定的扣分标准进行自动记分	
	产量评分（线性记分）		15	电子秤称量产品产量，按系统设定的扣分标准进行自动记分	
	原料损耗量（非线性记分）		10	读取原料储槽液位，计算原料消耗量，并输入到计算机中，按系统设定的扣分标准进行自动记分	
	电耗评分（主要考核单位产品的电耗量）（非线性记分）		5	读取装置用电总量，并输入到计算机中，按系统设定的扣分标准进行自动记分	
	水耗评分（主要考核单位产品的水耗量）（非线性记分）		5	读取装置用水总量，并输入到计算机中，按系统设定的扣分标准进行自动记分	
规范操作	开车准备		5	①教师宣布考核开始。检查总电源、仪表盘电源，查看电压表、温度显示、实时监控仪(0.5分)	
				②检查并确定工艺流程中各阀门状态（见阀门状态表），调整至准备开车状态并挂牌标识（每错一个阀门扣0.5分，共1分，扣完为止）	
				③记录电表初始度数(0.5分)，记录 DCS 操作界面原料罐液位(0.5分)，填入工艺记录卡	
				④检查并清空回流罐、产品罐中积液(0.5分)	
				⑤查有无供水(0.5分)，并记录水表初始值(0.5分)，填入工艺记录卡	
				⑥规范操作进料泵（离心泵）(0.5分)；将原料加入再沸器至合适液位(0.5分)，点击评分表中的"确认""清零""复位"键直至"复位"键变成绿色后，切换至 DCS 控制界面并点击"考核开始"	

续表

考核项目	评分项	标准分值	评分说明与说明	得分
规范操作	开车操作	6	①启动精馏塔再沸器加热系统,升温(1分)	
			②开启冷却水上水总阀(0.5分)及精馏塔顶冷凝器冷却水进口阀(0.5分),调节冷却水流量(0.5分)	
			③规范操作采出泵(齿轮泵)(0.5分),并通过回流转子流量计进行全回流操作(0.5分)。注意泵的操作方式,单泵操作还是双泵操作,单泵操作回流量主要靠楼上副操调节,双泵操作由主操通过齿轮泵频率调节回流量	
			④控制回流罐液位及回流量,控制系统稳定性(评分系统自动扣分),必要时可取样分析,但操作过程中气相色谱测试累计不得超过3次	
			⑤适时打开系统放空,排放不凝性气体,并维持塔顶压力稳定(0.5分)	
			⑥选择合适的进料位置(在DCS操作面板上选择后,开启相应的进料阀门,过程中不得更改进料位置)(1分),进料流量≤100L/h。开启进料后5min内TICA712(预热器出口温度)必须超过75℃,同时须防止预热器过压操作(1分)	
	正常运行	2	①规范操作回流泵(齿轮泵)(0.5分),经塔顶产品罐冷却器,将塔顶馏出液冷却至50℃以下后收集塔顶产品(0.5分)	
			②启动塔釜残液冷却器(0.5分),将塔釜残液冷却至60℃以下后,收集塔釜残液(0.5分)	
	正常停车(10min内完成,未完成步骤扣除相应分数)	7	①精馏操作考核90min完毕,停进料泵(离心泵)(0.5分),关闭相应管线上阀门(0.5分)	
			②规范停止预热器加热及再沸器电加热(0.5分)	
			③及时点击DCS操作界面的"考核结束",停回流泵(齿轮泵)(0.5分)	
			④将塔顶馏出液送入产品槽(0.5分),停馏出液冷凝水,停采出泵(齿轮泵)(0.5分)	
			⑤停止塔釜残液采出(0.5分),塔釜冷凝水(0.5分),关闭上水阀、回水阀,并正确记录水表读数(0.5分)、电表读数(0.5分)	
			⑥各阀门恢复初始开车前的状态(错1处扣0.5分,共1分,扣完为止)	
			⑦记录DCS操作面板原料储罐液位(0.5分),收集并称量产品罐中馏出液(0.5分),取样交裁判计时结束。气相色谱分析最终产品含量,本次分析不计入过程分析次数	
文明操作	文明操作,礼貌待人	10	①穿戴符合安全生产(0.5分)与文明操作要求(0.5分)	
			②保持现场环境整齐、清洁、有序(1分)	
			③正确操作设备、使用工具(1分)	
			④文明礼貌,服从教师安排(1分)	
			⑤记录及时(每10min记录一次)、完整、规范、真实、准确,否则发现一次扣1分,共6分,扣完为止	
			⑥记录结果弄虚作假扣全部文明操作分10分	

续表

考核项目	评分项	标准分值	评分说明与说明	得分
安全操作	安全生产	30	如发生人为的操作安全事故(如再沸器现场液位低于5cm)/预热器干烧(预热器上方视镜无液体＋现场温度计超过80℃＋预热器正在加热＋无进料)、设备人为损坏、操作不当导致的严重泄漏,伤人等情况,作弊以获得高产量,扣除全部操作分30分	

六、实训报告要求

① 认真、如实填写操作报表。
② 提出提高分离效果、节能的操作建议。

七、实训问题思考

① 精馏过程为什么必须要有回流?
② 操作中增加回流比的方法有哪些?
③ 操作中如何控制和调节塔釜压力?
④ 操作中可通过哪些措施提高产品质量?可通过哪些措施提高产品产量?

项目八
双精馏塔的操作

项目描述

某化工厂欲将10%~20%（质量分数）的乙醇-水混合液进行分离，获得塔顶馏出液乙醇的浓度大于85%（质量分数）、塔釜残液乙醇浓度小于5%（质量分数）的合格产品，请根据操作装置现场及设备、阀门、仪表一览表，在现场装置完成双精馏塔装置的开车准备和开车操作，并填写操作记录单。要求做到稳定、高产、节能。

项目八　动画扫一扫

项目分析

完成此任务须确定该分离任务的生产方案包括精馏塔的选型、工艺流程的确定及其工艺参数的确定、操作规程等，因此本项目分双精馏塔流程认知及双精馏塔操作与控制两个子任务来完成。

任务一　双精馏塔流程认知

一、实训任务

① 识读精馏岗位的工艺流程图。
② 了解精馏塔、塔釜再沸器、塔顶全凝器等主要设备的结构、功能和布置。
③ 了解电器、仪表测量原理及使用方法。

二、实训知识准备

精馏是分离液体混合物的一种重要化工单元操作。同时对液体混合物进行多次部分汽化和对混合物的蒸汽进行多次部分冷凝，最终可以在气相中得到纯度较高的易挥发组分，在液相中得到纯度较高的难挥发组分。不管采用何种操作方式，混合液中组分间挥发度差异是蒸馏分离的前提和依据。精馏过程是一个传质、传热过程，回馏液是精馏过程中气、液接触的基础。但是精馏的热力学效率很低，在化学工业中总能耗的40%用于分离过程，其中的95%是精馏过程消耗的，有必要开辟多种途径，采用节能工艺回收利用余热，降低能耗，实现精馏节能将会对化工生产和企业发展产生深远的影响。

精馏按操作是否连续分为：连续精馏和间歇精馏。连续精馏的特点：可以大规模生产；产品浓度质量可以保持相对稳定；能源利用率高；操作易于控制。

精馏按压力可分为：常压精馏和减压精馏。减压精馏，是指精馏过程在真空下进行，常用于高沸点物质或热敏性物质的分离与提纯中。

目前在化工生产中大都常用板式精馏塔，但近年来石油化工行业高速发展，生产规模趋于大型化，这就要求塔器设备具有高通量、高效率和低压降等优良的综合性能。填料塔能很好地满足这些要求，且具有制造和更换容易、材质范围广、适应能力强、分离性能优和节能等优点，不仅在大规模生产中被广泛采用，而且还有取代板式塔的趋势。

三、实训装置与流程认知

双塔精馏实训装置（筛板精馏塔、填料精馏塔）的工艺流程见图2-9。

塔内循环流程：塔釜—塔体（筛板或填料）—塔顶—全凝器—回流罐—回流泵—塔顶—塔体（筛板或填料）—塔釜；

进料流程：原料罐—进料泵—加料板—提馏段—塔釜；

塔顶出料流程：回流罐—采出泵—塔顶产品罐（馏出液罐）；

塔底出料流程：塔釜—热交换器（冷却器）—塔底产品罐（残液罐）。

四、考核评分表

"双精馏塔流程认知"考核评分表

实训者姓名：　　　装置号：　　　日期：　　　得分：

评价内容	配分	评 分 说 明	备 注
操作规范 80分	设备、仪表、阀门的指认与介绍（20分）	设备：板式塔、填料塔、冷凝器、预热器、原料罐、产品罐、回流罐、残液罐、进料泵、回流泵、产品泵、再沸器、全凝器等 仪表：压力表、液位计、温度计、流量计等 阀门：球阀、截止阀、闸阀、自动控制阀等	随机抽取指认
	工艺流程口头描述（60分）	1. 板式、填料塔原料路线：原料罐—进料泵—预热器—加料板—各塔板—塔釜—上升蒸汽/残液 2. 板式、填料凝液路线：全凝器—馏出罐—采出泵—产品罐 3. 板式、填料回流液路线：全凝器—馏出罐—回流泵—塔顶—各塔板	根据描述情况酌情打分
职业素养 20分	安全生产、节约、环保（20分）	1. 养成按6S(整理、整顿、清扫、清洁、修养、安全)管理要求的工作习惯，操作过程中进行设备的定置和归位，保持工作现场的清洁，及时排出废液并进行清洗 2. 具有安全用水用电的意识，操作前进行水电、气、检查 3. 具备安全生产意识，按现场要求穿戴劳动保护用品，保持加热设备旁不摆放易燃易爆物品的习惯 4. 具备节能意识，对非常温设备和管路采取保温措施 5. 养成良好的操作习惯，经常检查各设备和阀门状态，不得擅离工作岗位，不乱动现场电源开关、阀门 6. 如实记录现场环境、条件和数据等，数据需完整、规范、真实、准确(记录结果弄虚作假扣全部安全环保分20分)	与评审专家顶撞等态度恶劣者本项记0分

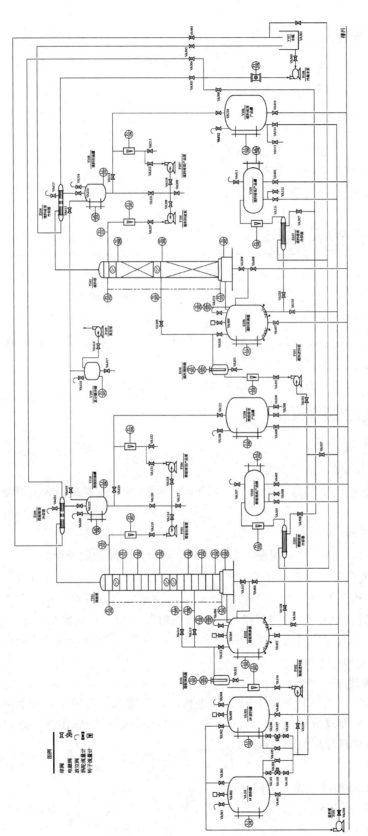

图 2-9 双塔精馏实训装置的工艺流程图

五、实训报告要求

① 绘制双精馏工艺流程图。
② 简单说明双精馏塔进料、液相回流、气相回流、产品采出、原料预热等流程。

六、实训问题思考

① 双塔精馏和单塔精馏有哪些方面的差异？
② 回流比是如何影响产品质量及产量的？
③ 试比较板式塔与填料塔的操作差异性，何种设备分离效果更优？

任务二　双精馏塔操作

一、实训任务

① 掌握双精馏塔的工艺流程。
② 了解精馏塔、塔釜再沸器、塔顶全凝器等主要设备的结构、功能和布置。
③ 了解电器、仪表测量原理及使用方法。
④ 掌握常压与减压、板式与填料精馏塔的操作、故障分析。

二、实训操作及注意事项

1. 实训操作步骤

（1）设备功能说明，流程叙述

了解塔釜（再沸器）、塔板、全凝器、回流罐、预热器等装置的位置及功能，掌握四个流程。

（2）开车准备

检查水、电、仪、阀、泵；配制、分析原料；记录各储罐初始液位。

（3）全回流操作

往塔釜注入原料至液位（20±1）cm 处；打开冷凝泵、全凝器给水阀；打开塔釜电加热器，调节加热功率；观察、记录回流罐液位、塔内情况；当回流罐液位达到 5cm 时，开回流阀、启动回流泵，进行全回流操作。维持回流罐液位在（5±1）cm，至全回流操作稳定 20min，取样分析馏出液浓度。

（4）部分回流操作

开启进料阀、启动进料泵，以 4~6L/h 进料；适当增大加热功率；开启采出阀、启动塔顶采出泵，维持回流罐液位在（5±1）cm 稳定；必要时进行塔底出料，维持塔釜液位在（20±1）cm 稳定；取样分析馏出液浓度。

（5）正常停车

① 关闭进料泵及相应管线上阀门；
② 关闭再沸器电加热；
③ 关闭采出泵；

④ 关闭回流泵；
⑤ 记录各储罐液位；
⑥ 各阀门恢复开车前状态；
⑦ 关闭给水阀；
⑧ 关仪表电源和总电源。

2. 注意事项

① 塔顶放空阀一定要打开，否则容易因塔内压力过大导致危险。
② 料液一定要加到塔釜设定液位 2/3 处方可打开加热管电源，否则塔釜液位过低会使电加热丝露出干烧致坏。

三、数据记录

双精馏塔实训操作报表

装置号：_____ 操作员：_____ _____年_____月_____日

时间	温度/℃			压力/Pa			流量/(L/h)			液位/(cm)					浓度/%			备注
	进料	塔釜	塔顶	塔釜	塔顶	压差	进料	回流	采出	再沸器	回流罐	原料罐	馏出罐	残液罐	原料	馏出液	釜液	

操作记事	
异常情况记录	

四、实训考评

"双精馏塔操作"考核评分表

实训者姓名：_____ 装置号：_____ 日期：_____ 得分：_____

评价内容	配分	评分说明	得分
操作规范（80分）	开车准备（20分）	1. 检查冷却水系统 2. 检查各阀门状态 3. 检查记录塔釜、原料罐、馏出罐液位 4. 检查电源和仪表显示 5. 开启产品罐放空阀，启动采出泵，将馏出罐液位调至4cm(本点不受此项限时) 6. 用酒精计分析原料罐料液浓度，记录原料罐储量和含量	

续表

评价内容	配分	评分说明	得分
操作规范（80分）	全回流操作（25分）	1. 开全凝器给水阀，调节流量至适宜 2. 打开电加热器以 150～200V 加热 3. 观察、记录馏出罐液位、塔内情况 4. 当馏出罐液位达到 15cm 时，开回流阀、启动回流泵，进行全回流操作 5. 维持馏出罐液位在(20±1)cm，至全回流操作稳定 20min，间隔 5min 取样分析馏出液乙醇浓度 6. 取样分析，获得质量分数后，施加突然停冷却水干扰，选手判断有无冷却水，采取相应措施，保持全回流操作稳定	
	部分回流生产操作(20分)	1. 开启进料阀、启动进料泵，以 4 L/h 进料 2. 增大加热电压(<190V)，调节回流变频器 3. 开启采出阀、启动采出泵，维持馏出罐液位稳定 4. 部分回流操作获取质量成绩后，施加加热电压突然增大的干扰，选手正确判断，采取相应措施，恢复并维持正常运行	
	正常停车(15分)	1. 关闭进料泵及相应管线上阀门 2. 关闭再沸器电加热 3. 关闭采出泵 4. 关闭回流泵 5. 记录各储罐液位 6. 各阀门恢复开车前状态 7. 关闭上水阀、回水阀 8. 关仪表电源和总电源	
职业素养 20 分	安全生产、节约、环保(20 分)	1. 养成按 6S(整理、整顿、清扫、清洁、修养、安全)管理要求的工作习惯，操作过程中进行设备的定置和归位，保持工作现场的清洁，及时排出废液并进行清洗 2. 具有安全用水用电的意识，操作前进行水、电、气检查 3. 具备安全生产意识，按现场要求穿戴劳动保护用品，保持加热设备旁不摆放易燃易爆物质的习惯 4. 具备节能意识，对非常温设备和管路采取保温措施 5. 养成良好的操作习惯，经常检查各设备和阀门状态，不得擅离工作岗位，不乱动现场电源开关、阀门 6. 如实记录现场环境、条件和数据等，数据需完整、规范、真实、准确(记录结果弄虚作假扣全部安全环保分 20 分)	与评审专家顶撞等态度恶劣者本项记 0 分

五、实训报告要求

① 认真、如实填写操作报表。
② 提出提高分离效果、节能的操作建议。

六、实训问题思考

① 精馏过程为什么必须要有回流？操作中增加回流比的方法有哪些？
② 操作中如何控制和调节塔釜压力？
③ 某精馏塔正常稳定操作，若想增加进料量，而保持产品质量不变，宜采取哪些措施？
④ 塔顶温度升高时，会带来什么样的结果？如何处理？

项目九
UTS系列萃取塔的操作

项目描述

某化工厂欲将5%～10%（质量分数）的苯甲酸钠-煤油混合液进行分离，请根据操作装置现场及设备、阀门、仪表一览表，在现场装置完成萃取装置的开车准备和开车操作，并填写操作记录单。

项目分析

完成此任务须确定该分离任务的生产方案包括萃取设备的选型、工艺流程的确定及其工艺参数的确定、操作规程等，因此本项目分萃取流程认知及萃取操作与控制两个子任务来完成。

任务一 萃取流程认知

一、实训任务

① 了解萃取塔的基本构造和工作原理。
② 熟悉气泵、离心泵、萃取塔的操作方法。
③ 熟练掌握萃取工艺流程。
④ 了解萃取塔基本操作过程、常见故障及处理方法。

二、实训流程与装置认知

1. 流程

UTS系列萃取实训装置工艺流程见图2-10。本萃取装置采用水、煤油-苯甲酸溶液为萃取体系，进行萃取操作。

加入约1%苯甲酸-煤油溶液至轻相储槽（V203）至1/2～2/3液位，加入清水至重相储槽（V205）至1/2～2/3液位，启动重相泵（P202），将清水由上部加入萃取塔内，形成并维持萃取剂循环状态，再启动轻相泵（P201），将苯甲酸-煤油溶液由下部加入萃取塔，通过控制合适的塔底重相（萃取相）采出流量（24～40L/h），维持塔顶轻相液位在视盅低端1/3处左右，启动高压气泵向萃取塔内加入空气，增大轻-重两相接触面积，加快轻-重相传质速率，系统稳定后，在轻相出口和重相出口处，取样分析苯甲酸含量，经过萃余分相罐（V206）分离后，轻相采出至萃余相储槽（V202），重相采出至萃取相储槽（V204）。改变空气量和轻、重相的进出口物料流量，取样分析，比较不同操作条件下萃取效果。

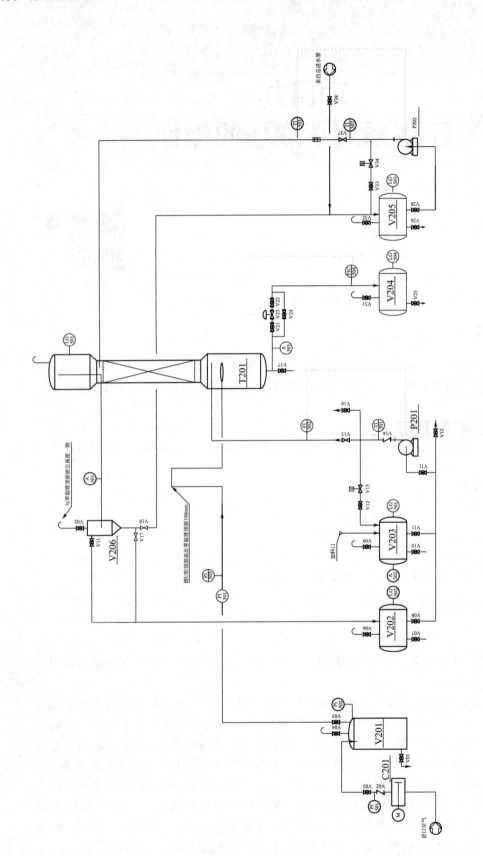

图2-10 UTS系列萃取实训装置工艺流程图

2. 设备

(1) 主体设备一览表

名称	规格型号
空气缓冲罐	不锈钢,$\phi 300mm \times 200mm$
萃取相储槽	不锈钢,$\phi 400mm \times 600mm$
轻相储槽	不锈钢,$\phi 400mm \times 600mm$
萃余相储槽	不锈钢,$\phi 400mm \times 600mm$
重相储槽	不锈钢,$\phi 400mm \times 600mm$
萃余分相罐	玻璃,$\phi 125mm \times 320mm$
重相泵	计量泵,60L/h
轻相泵	计量泵,60L/h
萃取塔	玻璃主体,硬质玻璃$\phi 125mm \times 1200mm$；上、下扩大段不锈钢$\phi 200mm \times 200mm$；填料为不锈钢规整填料
气泵	小型压缩机

(2) 阀门一览表

编号	设备阀门功能	编号	设备阀门功能
V01	气泵出口止回阀	V19	萃取塔排污阀
V02	缓冲罐入口阀	V20	调节阀旁路阀
V03	缓冲罐排污阀	V21	调节阀切断阀
V04	缓冲罐放空阀	V22	调节阀切断阀
V05	缓冲罐气体出口阀	V23	萃取相储罐排污阀
V06	萃余相储罐排污阀	V24	重相罐排污阀
V07	萃余相储罐出口阀	V25	重相泵进口阀
V08	轻相储罐排污阀	V26	重相储罐回流阀
V09	轻相储罐出口阀	V27	重相泵出口阀
V10	轻相储罐回流阀	V28	总进水阀
V11	萃余分相罐轻相出口阀	V29	萃余相储罐放空阀
V12	萃余分相罐放空阀	V30	轻相储罐放空阀
V13	萃余分相罐底部出口阀	V31	萃取相储罐放空阀
V14	萃余分相罐底部出口阀	V32	重相储罐放空阀
V15	备用阀	V33	电动调节阀
V16	轻相泵进口阀	V34	重相泵回流电磁阀
V17	轻相泵排污阀	V35	轻相泵回流电磁阀
V18	轻相泵出口阀	V36	轻相泵出口止回阀

三、实训考评

"萃取流程认知"考核评分表

实训者姓名：　　　　　装置号：　　　　　日期：　　　　　得分：

评价内容	配分	评分说明	备注
操作规范 80分	设备、仪表、阀门的指认与介绍（20分）	设备：萃取塔、重相计量泵、轻相计量泵、微型气机、油水分离器、萃取剂罐、原料罐、萃取相罐、萃余相罐等 仪表：压力表、液位计、温度计、流量计等 阀门：球阀、截止阀、闸阀、自动控制阀等	随机抽取指认
	工艺流程口头描述（60分）	1. 轻相流程：原料罐—原料泵—塔底—塔顶—油水分离器—萃余相罐 2. 重相流程：萃取剂罐—萃取剂泵—塔顶—塔底—萃取相罐 3. 压缩气体流程：微型气泵—塔底—塔顶	根据描述情况酌情打分
职业素养 20分	安全生产、节约、环保（20分）	1. 养成按6S（整理、整顿、清扫、清洁、修养、安全）管理要求的工作习惯，操作过程中进行设备的定置和归位，保持工作现场的清洁，及时排出废液并进行清洗 2. 具有安全用水用电的意识，操作前进行水、电、气检查 3. 具备安全生产意识，按现场要求穿戴劳动保护用品，保持加热设备旁不摆放易燃易爆物质的习惯 4. 具备节能意识，对非常温设备和管路采取保温措施 5. 养成良好的操作习惯，经常检查各设备和阀门状态，不得擅离工作岗位，不乱动现场电源开关、阀门 6. 如实记录现场环境、条件和数据等，数据需完整、规范、真实、准确（记录结果弄虚作假扣全部安全环保分20分）	与评审专家顶撞等态度恶劣者本项记0分

四、实训报告要求

① 绘制萃取工艺流程图。
② 简单说明萃取塔操作轻相、重相、压缩气体等流程。

五、实训问题思考

① 在什么情况下采用萃取或精馏操作？
② 萃取过程中微型气泵的作用是什么？
③ 萃取效果受哪些操作因素影响？如何提高萃取分离效率？

任务二　萃取操作

一、实训任务

① 了解萃取塔的基本构造和工作原理。
② 掌握萃取工艺流程。
③ 进行实际操作，掌握气泵、离心泵、萃取塔的操作方法。
④ 熟悉萃取塔常见故障及处理方法。

二、实训操作

1. 开车前准备

① 由相关操作人员组成装置检查小组，对本装置所有设备、管道、阀门、仪表、电气等按工艺流程图要求和专业技术要求进行检查。
② 检查所有仪表是否处于正常状态。
③ 检查所有设备是否处于正常状态。
④ 试电：a. 检查外部供电系统，确保控制柜上所有开关均处于关闭状态；b. 开启外部供电系统总电源开关；c. 打开控制柜上空气开关；d. 打开装置仪表空气开关，打开仪表电源开关，查看所有仪表是否上电、指示是否正常；e. 将各阀门顺时针旋转操作到关的状态。
⑤ 原料准备

a. 取苯甲酸一瓶（0.5kg），煤油 50kg，在敞口容器内配制成苯甲酸-煤油饱和溶液，并滤去溶液中未溶解的苯甲酸。
b. 将苯甲酸-煤油饱和溶液加入轻相储槽，到其容积的 1/2～2/3。
c. 在重相储槽内加入自来水，控制水位在 1/2～2/3。

2. 开车

① 关闭萃取塔排污阀（V19）、萃取相储槽排污阀（V23）、萃取塔液相出口阀（及其旁路阀）（V33、V21、V22）。
② 开启重相泵进口阀（V25），启动重相泵（P202），打开重相泵出口阀（V27），以重相泵的较大流量（40L/h）从萃取塔顶向系统加入清水，当水位达到萃取塔塔顶（玻璃视镜段）1/3 位置时，打开萃取塔重相出口阀（V21、V22），调节重相出口调节阀（V33），控制萃取塔顶液位稳定。
③ 在萃取塔液位稳定基础上，将重相泵出口流量降至 24L/h，萃取塔重相出口流量控制在 24L/h。
④ 打开缓冲罐入口阀（V02），启动气泵，关闭空气缓冲罐放空阀（V04），打开缓冲罐气体出口阀（V05），调节适当的空气流量，保证一定的鼓泡数量。
⑤ 观察萃取塔内气液运行情况，调节萃取塔出口流量，维持萃取塔塔顶液位在玻璃视镜段 1/3 处位置。

⑥ 打开轻相泵进口阀（V16）及出口阀（V18），启动轻相泵，将轻相泵出口流量调节至 12L/h，向系统内加入苯甲酸-煤油饱和溶液，观察塔内油-水接触情况，控制油-水界面稳定在玻璃视镜段 1/3 处位置。

⑦ 轻相逐渐上升，由塔顶出液管溢出至萃余分相罐，在萃余分相罐内油-水再次分层，轻相层经萃余分相罐轻相出口管道流出至萃余相储槽，重相经萃余分相罐底部出口阀后进入萃取相储槽，萃余分相罐内油-水界面控制以重相高度不得高于萃余分相罐底封头 5cm 为准。

⑧ 当萃取系统稳定运行 20min 后，在萃取塔出口处取样口（A201、A203）采样分析。

⑨ 改变鼓泡空气、轻相、重相流量，获得 3～4 组实验数据，做好操作记录。

3. 停车

① 停止轻相泵，关闭轻相泵进、出口阀门；

② 将重相泵流量调整至最大，使萃取塔及分相器内轻相全部排入萃余相储槽；

③ 当萃取塔内、萃余分相罐内轻相均排入萃余相储槽后，停止重相泵，关闭重相泵出口阀（V27），将萃余分相罐内重相、萃取塔内重相排空；

④ 进行现场清理，保持各设备、管路的洁净；

⑤ 做好操作记录；

⑥ 切断控制台、仪表盘电源。

4. 工艺操作指标

（1）温度控制

轻相泵出口温度：室温；

重相泵出口温度：室温。

（2）流量控制

萃取塔进口空气流量：10～50L/h；

轻相泵出口流量：20～50L/h；

重相泵出口流量：20～50L/h。

（3）液位控制

当水位达到萃取塔塔顶（玻璃视镜段）1/3 位置；

（4）压力控制

气泵出口压力（表压）：0.01～0.02MPa；

空气缓冲罐压力（表压）：0～0.02MPa；

空气管道压力控制（表压）：0.01～0.03MPa。

三、注意事项与故障排除

1. 正常操作注意事项

① 按照要求巡查各界面、温度、压力、流量液位值并做好记录。

② 分析萃取、萃余相的浓度并做好记录，能及时判断各指标否正常，能及时排污。

③ 控制进、出塔重相流量相等，控制油-水界面稳定在玻璃视镜段 1/3 处位置。

④ 控制好进塔空气流量，防止引起液泛，又保证良好的传质效果。

⑤ 当停车操作时，要注意及时开启分凝器的排水阀，防止重相进入轻相储槽。
⑥ 用酸碱滴定法分析苯甲酸浓度。

2．故障的判断和排除

（1）气泵跳闸

在萃取正常操作中，教师给出隐蔽指令，改变气泵的工作状态，学生通过观察萃取塔内液体流动状态、界面及液位等参数的变化情况，分析引起系统异常的原因并作处理，使系统恢复到正常操作状态。

（2）萃余分相罐液位失调

在萃取正常操作中，教师给出隐蔽指令，改变萃余分相罐的工作状态，学生通过观察萃取塔界面、液位及重相、轻相出料等参数的变化情况，分析引起系统异常的原因并作处理，使系统恢复到正常操作状态。

（3）空气进料管倒"U"进料误操作

在萃取正常操作中，教师给出隐蔽指令，改变萃取塔空气进口管阀的工作状态，学生通过观察萃取塔内流动状态、界面和液位等参数的变化情况，分析引起系统异常的原因并作处理，使系统恢复到正常操作状态。

（4）重相流量改变

在萃取正常操作中，教师给出隐蔽指令，改变重相泵出口阀的工作状态，学生通过观察萃取塔内流动状态、界面和液位等参数的变化情况，分析引起系统异常的原因并作处理，使系统恢复到正常操作状态。

（5）轻相流量改变

在萃取正常操作中，教师给出隐蔽指令，改变轻相泵出口阀的工作状态，学生通过观察萃取塔内流动状态、界面和液位等参数的变化情况，分析引起系统异常的原因并作处理，使系统恢复到正常操作状态。

四、数据记录

萃取实训操作报表

装置号：_____　　操作员：_____　　____年___月___日

序号	时间/min	缓冲罐压力/MPa	分相器液位/mm	空气流量/(m³/h)	萃取相流量/(L/h)	萃余相流量/(L/h)	萃余相进口浓度(NaOH)/mg	萃余相出口浓度(NaOH)/mg	萃取相出口浓度(NaOH)/mg	萃取效率/%
1										
2										
3										
4										
5										
操作记事										
异常情况记录										

五、实训考评

"萃取操作"考核评分表

实训者姓名：　　　　装置号：　　　　日期：　　　　得分：

评价内容	配分	评分说明	得分
操作规范 80分	开车准备(20分)	1. 现场设备、仪表、阀门检查 2. 试电检查,包括设备控制柜、空气开关、仪表电源等 3. 阀门状态检查(调整至要求状态) 4. 准备原料(原料液苯甲酸钠-煤油溶液、萃取剂水)	
	开车操作及运行(40分)	1. 打通重相(萃取剂水)通道,启动重相泵向系统加清水至塔顶视镜段1/3处,打开萃取塔重相出口阀,调节重相进口、出口流量至合适值,控制萃取塔顶液位稳定 2. 打开缓冲罐入口阀,启动气泵,打通气体通道,调节空气流量保证塔内一定鼓泡数量 3. 打通轻相(苯甲酸钠-煤油溶液)通道,启动轻相泵向系统加入苯甲酸钠-煤油溶液,控制油水界面在塔顶视镜段1/3处,待轻相量增加至塔顶,则由塔顶溢出罐出料至萃余分相罐,最后收集至萃余相储槽 4. 萃取系统稳定20min后,在萃取塔出口取样分析并记录数据 5. 改变鼓泡量、轻相、重相流量,获取3~4组数据并记录	
	停车操作(20分)	1. 停轻相泵,关闭轻相泵进、出口阀 2. 重相泵流量调至最大,将轻相全部排入萃余相罐储槽 3. 停止重相泵,关闭重相泵进口阀,将萃取塔重相及萃余分相罐重相排空 4. 各阀门恢复开车前状态,清理现场,做好操作记录 5. 切断控制台、仪表盘电源	
职业素养 20分	安全生产、节约、环保(20分)	1. 养成按6S(整理、整顿、清扫、清洁、修养、安全)管理要求的工作习惯,操作过程中进行设备的定置和归位,保持工作现场的清洁,及时排出废液并进行清洗 2. 具有安全用水用电的意识,操作前进行水、电、气检查 3. 具备安全生产意识,按现场要求穿戴劳动保护用品,保持加热设备旁不摆放易燃易爆物质的习惯 4. 具备节能意识,对非常温设备和管路采取保温措施 5. 养成良好的操作习惯,经常检查各设备和阀门状态,不得擅离工作岗位,不乱动现场电源开关、阀门 6. 如实记录现场环境、条件和数据等,数据需完整、规范、真实、准确(记录结果弄虚作假扣全部安全环保分20分)	与评审专家顶撞等态度恶劣者本项记0分

六、实训报告要求

① 认真、如实填写操作报表。

② 提出提高萃取速率的操作建议。

七、实训问题思考

① 萃取分离相对其他液相分离方法有何优势？
② 提高萃取速率的方法有哪些？
③ 如何做到安全、有效地进行萃取操作？
④ 萃取过程中如何做到节能、环保？

项目十
UTS系列间歇反应器的操作

项目描述

某化工厂欲用乙醇和乙酸为原料合成、获得纯度90%（质量分数）以上的乙酸乙酯合格产品，请根据操作装置现场及设备、阀门、仪表一览表，在现场装置完成间歇反应器的开车准备和开车操作，并填写操作记录单。要求做到稳定、高产、节能。

项目分析

完成此任务须确定该合成任务的生产方案包括反应器的选型、分离设备的选型、反应流程的确定、分离流程的确定及其工艺参数的确定、操作规程等，因此本项目分间歇反应器工艺流程认知及间歇反应器操作与控制两个子任务来完成。

任务一 间歇反应器流程认知

一、实训任务

① 了解间歇反应器及蒸馏柱基本构造和工作原理。
② 掌握间歇反应器操作及产品分离提纯的工艺流程。
③ 熟悉间歇反应器及蒸馏柱操作常见故障及处理方法。

二、实训流程与装置认知

1. 流程

UTS系列间歇反应器操作工艺流程见图2-11。

（1）常压流程

物料从原料罐V802a和V802b按一定的比例进入反应釜R801内，通过串级控制调节系统，使反应釜内温度和压力稳定在规定范围内。开始模拟化学反应，放空不凝气，反应中产生的气体经蒸馏柱H801初步分离后，再经冷凝器E801冷凝，冷凝后的产物根据需要可以分为两路：一路收集到冷凝液罐V804；另一路回流到反应釜R801内。一次反应结束后，反应釜内的物料进入中和釜R802，利用中和液槽V805的中和液对反应产物进行中和，中和后的产品收集到产品储槽V806。

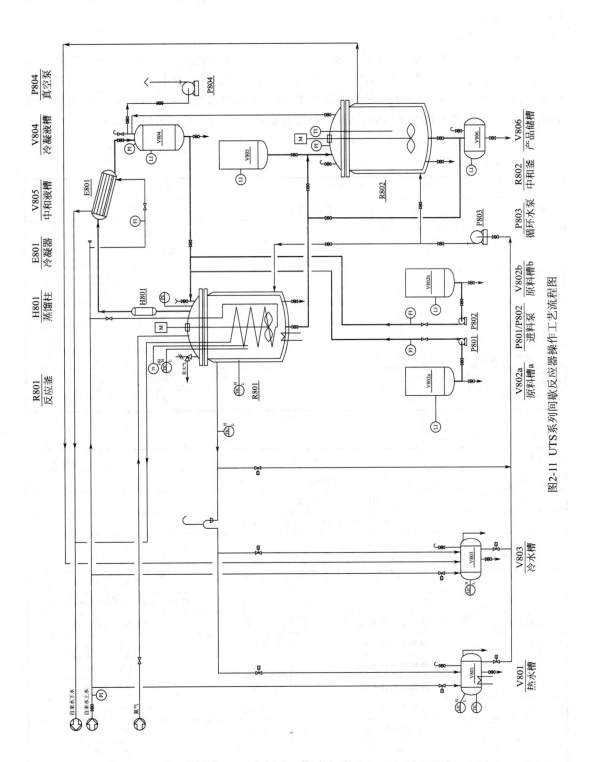

图2-11 UTS系列间歇反应器操作工艺流程图

(2) 真空流程

本装置配置了真空流程、主物料流程与常压流程。在蒸馏储罐 V804、中和釜 R802 中均设置抽真空阀,被抽出的系统物料气体经真空总管进入冷凝液罐 V804,然后由真空泵 P804 抽出放空。

(3) 水浴流程

冷水槽 V803 或热水槽 V801 内的水经循环水泵 P803 输送到反应釜 R801、中和釜 R802 夹套。反应釜 R801 夹套出水流程为:根据反应釜 R801 夹套温度,控制冷水槽 V803 或热水槽 V801 出水电磁阀的开关,同时,根据反应釜 R801 夹套出口温度,选择反应釜 R801 夹套出水到热水槽 V801 或冷水槽 V803 或自循环。中和釜 R802 夹套内的水回流到冷水槽 V803。

2. 设备

(1) 静设备一览表

名称	规格型号	材质	形式	数量
反应釜	$V=50L$,常压,带冷却盘管、电加热管、带搅拌电机、安全阀	不锈钢	立式	1
中和釜	$V=50L$,常压,带搅拌电机	不锈钢	立式	1
原料罐	$\phi 325mm \times 630mm, V=48L$	不锈钢	立式	2
中和液槽	$\phi 325mm \times 630mm, V=48L$	不锈钢	立式	1
产品储槽	$\phi 325mm \times 760mm, V=50L$	不锈钢	卧式	1
热水槽	$\phi 426mm \times 880mm, V=50L$	不锈钢	卧式	1
冷水槽	$\phi 325mm \times 760mm, V=50L$	不锈钢	卧式	1
蒸馏储槽	$\phi 200mm \times 340mm, V=9L$	不锈钢	立式	1
冷凝器	$\phi 260mm \times 750mm, F=0.26m^2$	不锈钢	卧式	1
蒸馏柱	$\phi 100mm \times 300mm, V=2L$	不锈钢	立式	1

(2) 动设备一览表

名称	规格型号	数量
进料泵	增压泵,$H=10m; Q_{max}=20L/min; U=220V$	2
真空泵	不锈钢旋片真空泵,$Q_{max}=4L/s; U=380V$	1
循环水泵	不锈钢离心泵,$H=11.5m; Q_{max}=1m^3/h; U=380V$	1

(3) 阀门一览表

编号	设备阀门功能	编号	设备阀门功能
VA01	原料槽 a 出料阀	VA09	反应釜内蛇管冷却器冷却水进口阀
VA02	进料泵 a 出料阀	VA10	冷凝器出料阀
VA03	原料槽 a 排污阀	VA11	冷凝器冷却水进口阀
VA04	原料槽 b 出料阀	VA12	冷凝液槽放空阀
VA05	进料泵 b 出料阀	VA13	冷凝液槽抽真空阀
VA06	原料槽 b 排污阀	VA14	冷凝液槽出料阀
VA07	反应釜固体加料阀	VA15	冷凝液槽排污阀
VA08	反应釜安全阀	VA16	反应釜排料阀

续表

编号	设备阀门功能	编号	设备阀门功能
VA17	反应釜排污阀	VA31	热水槽出口电磁阀
VA18	中和釜进料阀	VA32	冷水槽冷却水进口电磁阀
VA19	中和釜中和液进料阀	VA33	反应釜夹套冷水进口电磁阀
VA20	中和釜抽真空阀	VA34	冷水槽放空阀
VA21	中和釜放空阀	VA35	冷水槽排污阀
VA22	中和釜排污阀	VA36	冷水槽出口电磁阀
VA23	中和釜出料阀	VA37	循环水泵进口阀
VA24	产品储槽进料阀	VA38	循环水泵出口阀
VA25	产品储槽放空阀	VA39	中和釜夹套进水阀
VA26	产品储槽排污阀	VA40	反应釜夹套进水阀
VA27	热水槽冷却水进口电磁阀	VA41	反应釜夹套出水自循环电磁阀
VA28	反应釜夹套热水进口电磁阀	VA42	冷却水进水总阀
VA29	热水槽放空阀	VA43	反应釜进 N_2 阀
VA30	热水槽排污阀		

三、实训考评

"间歇反应器流程认知"考核评分表

实训者姓名：　　　　装置号：　　　　日期：　　　　得分：

评价内容	配分	评分说明	备注
操作规范 80分	设备、仪表、阀门的指认与介绍（20分）	设备：反应釜、蒸馏柱、冷凝器、蛇管冷却、夹套加热、热水槽、冷水槽、循环水泵、中和釜、原料罐a/b、中和液槽、产品储槽、蒸馏储槽等 仪表：压力表、液位计、温度计、流量计等 阀门：球阀、截止阀、闸阀、自动控制阀等	随机抽取指认
	工艺流程口头描述（60分）	1. 夹套加热流程 2. 蛇管冷却流程 3. 原料加料流程 4. 产品分离流程 5. 真空流程	根据描述情况酌情打分
职业素养 20分	安全生产、节约、环保（20分）	1. 养成按6S（整理、整顿、清扫、清洁、修养、安全）管理要求的工作习惯，操作过程中进行设备的定置和归位，保持工作现场的清洁，及时排出废液并进行清洗 2. 具有安全用水用电的意识，操作前进行水、电、气检查 3. 具备安全生产意识，按现场要求穿戴劳动保护用品，保持加热设备旁不摆放易燃易爆物质的习惯 4. 具备节能意识，对非常温设备和管路采取保温措施 5. 养成良好的操作习惯，经常检查各设备和阀门状态，不得擅离工作岗位，不乱动现场电源开关、阀门 6. 如实记录现场环境、条件和数据等，数据需完整、规范、真实、准确（记录结果弄虚作假扣全部安全环保分20分）	与评审专家顶撞等态度恶劣者本项记0分

四、实训报告要求

① 绘制间歇反应工艺流程图。
② 简单说明夹套加热、蛇管冷却、原料加料及产品分离等流程。

五、实训问题思考

① 在什么情况下采用间歇反应操作？
② 该工艺设置中和釜的目的是什么？
③ 该工艺为何同时设置夹套加热和蛇管冷却两个换热系统？
④ 夹套加热系统中为何设置热、冷两个水槽？

任务二　间歇反应器操作

一、实训任务

① 掌握间歇反应器基本构造和工作原理。
② 进行实际操作，掌握间歇反应器、离心泵、真空泵、换热器的操作方法。
③ 熟悉间歇反应器常见故障及处理方法。

二、实训操作

1. 开车前准备

① 由相关操作人员组成装置检查小组，对本装置所有设备、管道、阀门、仪表、电气等按工艺流程图要求和专业技术要求进行检查。
② 检查所有仪表是否处于正常状态。
③ 检查所有设备是否处于正常状态。
④ 试电：a. 检查外部供电系统，确保控制柜上所有开关均处于关闭状态；b. 开启外部供电系统总电源开关；c. 打开控制柜上空气开关；d. 打开装置仪表空气开关，打开仪表电源开关，查看所有仪表是否上电、指示是否正常；e. 将各阀门顺时针旋转操作到关的状态。
⑤ 原料准备。准备物料 a 20L 左右，物料 b 20L 左右，中和液 16L 左右。

2. 开车

(1) 反应釜 R801 的操作

① 确认冷、热水槽的排污阀 VA30、VA35 处于关闭状态，打开冷却水进水总阀 VA42，分别打开热水槽进冷却水电磁阀 VA27、冷水槽进冷却水电磁阀 VA32，向热水槽、冷却水槽内加水，到其液位的 1/2～2/3；启动热水槽加热系统，控制热水槽内热水温度为 90～95℃。

注意：热水槽进冷却水电磁阀 VA27、冷水槽进冷却水电磁阀 VA32 的开关由两个储罐的液位自动控制，无需手动调节。

② 确认原料槽排污阀 VA03、VA06 处于关闭状态，将物料 a、物料 b 分别加到原料槽

a、b中，打开冷凝液槽放空阀（VA12）、原料槽出料阀（VA01、VA04），启动进料泵，打开进料泵出口阀（VA02、VA05），调节物料a、b的流量至100L/h，向反应釜内加料。加料9~10min（两种原料加入量分别为16L左右），至釜内容积的2/3左右（釜内体积为50L）。关闭进料泵出口阀（VA02、VA05）、停进料泵，关闭原料槽出口阀（VA01、VA04）。

③ 启动反应釜搅拌电机，调节转速至100~200r/min；打开热水槽放空阀VA29、冷水槽放空阀VA34、热水槽出水电磁阀VA31、循环水泵进口阀VA37，启动循环水泵P803，打开循环水泵出口阀VA38和反应釜夹套进水阀VA40，对反应系统进行预热。

注意：热水槽出水电磁阀VA31的开关由反应釜内温度自动控制，无需手动调节。

④ 待釜内温度高于50℃时，控制反应温度恒定。由于反应为放热反应，为模拟反应放热，启动反应釜内加热系统。缓慢升高加热功率，模拟实际放热反应过程。其间可打开冷水槽出水电磁阀VA36，根据反应釜内温度及反应釜夹套温度调节冷水补充量。

注意：冷水槽出水电磁阀VA36的开关由反应釜内温度自动控制，无需手动调节。

⑤ 当釜内温度高于50℃时，关闭冷凝液槽放空阀VA12，打开冷凝器E801进冷却水阀VA11，调节其冷却水流量为200L/h左右。

注意：冷凝液槽放空阀VA12在操作过程中通常处于关闭状态，当釜内压力偏高时，可以间歇打开阀门排放不凝气。

⑥ 当冷凝液槽液位高于1/3时，打开冷凝液槽出料阀VA14，进行回流操作，使釜内反应稳定，并调节冷凝液槽出料阀VA14阀门的开度，保证冷凝液槽液位的稳定。

注意：当冷凝液槽中的液体不回流时，若其液位一直变化不明显，说明冷凝器内冷却水流量偏小或釜内温度偏低，调大阀门VA11或者打开热水槽出水电磁阀VA31或调大釜内加热功率。

⑦ 如果釜内温度过高或需要快速降温时，则打开反应釜内蛇管冷却器冷却水进口阀（VA09），向反应釜内通冷却水，进行强制冷却。根据反应釜夹套出口和夹套温度，从节能角度考虑，可以将反应釜夹套出水循环回到热水槽、冷水槽或自循环；控制釜内温度、压力稳定，冷凝液槽液位稳定，可以认为系统稳定，此时连续反应2~3h，通过冷凝液槽排污阀VA15取样分析，及时做好操作记录。反应转化率达到要求即反应结束，停止反应釜加热系统和搅拌系统。

(2) 双釜操作

① 确认冷、热水槽排污阀VA30、VA35处于关闭状态，打开冷却水进口总阀VA42，分别打开热水槽冷却水进口电磁阀VA27、冷水槽冷却水进口电磁阀VA32，向热水槽、冷却水槽内加水，到其液位的1/2~2/3。启动热水槽加热系统，控制热水槽内热水温度为90~95℃。

注意：热水槽进冷却水电磁阀VA27、冷水槽进冷却水电磁阀VA32的开关由两个储罐的液位自动控制，无需手动调节。

② 确认原料槽排污阀VA03、VA06处于关闭状态，将物料a、物料b分别加到原料槽a、b，打开冷凝液槽放空阀（VA12）、原料槽出料阀（VA01、VA04），启动进料泵，打开进料泵出口阀（VA02、VA05），调节物料a、b的流量至100L/h，向反应釜内加料。加料9~10min（两种原料加入量分别为16L左右），至釜内容积的2/3左右（釜内体积为50L）。

关闭进料泵出口阀（VA02、VA05）、停进料泵，关闭原料槽出口阀（VA01、VA04）。启动反应釜搅拌电机，调节转速至 100～200r/min，进行物料冷搅拌（根据不同物料体系，由学校老师确定冷搅拌时间）。

③ 打开热水槽放空阀 VA29、冷水槽放空阀 VA34、热水槽出水电磁阀 VA31、循环水泵进口阀（VA37），启动循环水泵 P803，打开循环水泵出口阀 VA38 和反应釜夹套进水阀 VA40，对反应系统进行预热。

注意：热水槽出水电磁阀 VA31 的开关由反应釜内温度自动控制，无需手动调节。

④ 待釜内温度高于 50℃时，控制反应温度恒定。由于反应为放热反应，启动反应釜内加热系统，缓慢升高加热功率，模拟实际放热反应过程。其间可打开冷水槽出口电磁阀 VA36，根据反应釜内温度及反应釜夹套温度调节冷水补充量。

注意：冷水槽出水电磁阀 VA36 的开关由反应釜内温度自动控制，无需手动调节。

⑤ 当釜内温度高于 50℃时，关闭冷凝液槽放空阀 VA12，打开冷凝器 E801 冷却水进口阀 VA11，调节其冷却水流量为 200L/h 左右。

注意：冷凝液槽放空阀 VA12 在操作过程中通常处于关闭状态，当釜内压力偏高时，可以间歇打开阀门排放不凝气。

⑥ 当冷凝液槽液位高于 1/3 时，打开冷凝液槽出料阀 VA14，进行回流操作，使釜内反应稳定，并调节冷凝液槽出料阀 VA14 的阀门开度，保证储罐液位的稳定。

注意：当冷凝液槽中的液体不回流时，若罐中液位一直变化不明显，说明冷凝器内冷却水流量偏小或釜内温度偏低，调大阀门 VA11 或者打开热水槽出口电磁阀 VA31 或调大釜内加热功率。

⑦ 如果釜内温度过高或需要快速降温时，则打开反应釜内蛇管冷却器冷却水进口阀（VA09），向反应釜内通冷却水，进行强制冷却。根据反应釜夹套出口和夹套温度，从资源的回收利用考虑，可以将反应釜夹套出水循环回到热水槽、冷水槽或自循环。控制釜内温度、压力稳定，冷凝液槽液位稳定，可以认为系统稳定，此时连续反应 2～3h，通过冷凝液槽排污阀 VA15 取样分析，反应转化率达到要求即反应结束，停止反应釜加热系统和搅拌系统。

⑧ 将中和液加到中和液槽，打开中和釜放空阀 VA21、反应釜出料阀 VA16 和中和釜进料阀 VA18，将反应产物排到中和釜内，同时打开中和液进口阀 VA19，将中和液加到中和釜内。

⑨ 关闭反应釜夹套进水阀 VA40，打开中和釜夹套进水阀 VA39，根据需要向中和釜夹套内进水。启动中和釜搅拌系统，控制其转速为 80～100r/min，运行 30min 左右。打开中和釜排污阀 VA22，取样分析中和产品是否达标，达标即可停止中和釜搅拌系统。

(3) 真空操作

若反应需要真空条件，则在反应前对系统进行抽真空。关闭冷凝液槽放空阀 VA12，启动真空泵（P806），通过调节冷凝液槽抽真空阀 VA13 的开度来调节储槽内真空度，然后通过打开冷凝器出料阀 VA10 或中和釜抽真空阀 VA20 选择抽真空对象。

其他操作步骤参照反应釜操作和双釜操作步骤。

3. 停车操作

(1) 反应釜和双釜停车

① 关闭反应釜内加热系统；

② 开启釜内蛇管冷却器冷却水进口阀 VA09，调节冷凝器冷却水进口阀 VA11 的开度，使冷却水量最大；

③ 开启冷水槽出口电磁阀 VA36，对水浴系统降温；

④ 待反应釜系统温度低于 40℃，关闭反应釜内蛇管冷却器冷却水进口阀 VA09 和冷凝器冷却水进口阀 VA11；

⑤ 水浴系统温度低于 40℃时，关闭循环水泵出口阀 VA38，停止循环水泵，关闭循环水泵进口阀 VA37；

⑥ 开启冷、热水槽的排污阀（VA26、VA27），排放冷、热水槽中的水。

⑦ 关闭产品储槽放空阀（VA23），产品储槽内的产物视实际情况由实验指导老师决定处理意见。

⑧ 进行现场清理，保持各设备、管路的洁净。

⑨ 及时做好操作记录。

(2) 真空停车

① 关闭反应釜内加热系统；

② 开启釜内蛇管冷却器冷却水进口阀 VA09，调节冷凝器冷却水进口阀 VA11 的开度，使冷却水量最大；

③ 开启冷水槽出口电磁阀 VA36，对水浴系统降温；

④ 待反应釜系统温度低于 40℃，关闭强制冷却和冷凝器冷却水进口阀 VA11；

⑤ 水浴系统温度低于 40℃时，关闭循环水泵出口阀 VA38，停循环水泵，关闭循环水泵进口阀 VA37；

⑥ 当系统温度降到 40℃左右，缓慢开启冷凝液槽放空阀，破除真空，系统恢复至常压状态；

⑦ 开启冷、热水槽的排污阀（VA26、VA27），排放冷、热水槽中的水；

⑧ 关闭产品储槽放空阀（VA23），产品储槽内的产物视实际情况由实验指导老师决定处理意见；

⑨ 进行现场清理，保持各设备、管路的洁净；

⑩ 及时做好操作记录。

三、工艺指标

(1) 压力控制

反应釜内压力（表压）：0～0.05MPa；

中和釜内压力（表压）：0～0.05MPa。

(2) 温度控制

反应釜夹套温度：90～95℃；

反应釜夹套出口温度：80～90℃；

反应釜内温度：60～80℃。

(3) 加料总量控制

原料 a 加料量为 16L 左右，原料 b 加料量为 16L 左右。

四、正常操作注意事项

① 注意控制好反应釜温度，以及温度连锁控制。
② 控制好反应釜压力，当压力异常时，调节相应阀门进行控制。
③ 当反应釜内温度过高时，蛇管内要及时通入冷却水进行强制冷却。
④ 反应釜内要通入氮气进行保护，为确保能通入物料，要对反应釜进行抽真空。

五、实训操作报表

间歇反应釜实训操作报表

装置号：_____　　操作员：_____　　　　_____年___月___日

工艺参数	记录项目	1	2	3	4	5	6	7	8
工艺参数	时间/min								
流量 F /(L/h)	原料 a 流量								
	原料 b 流量								
	冷凝器冷却水流量								
液位 L /mm	原料 a 液位								
	原料 b 液位								
	冷凝液槽液位								
	中和液槽液位								
	产品储槽液位								
	冷水槽液位								
	热水槽液位								
温度 T /℃	反应釜内温度								
	反应釜夹套现场温度								
	反应釜内远传温度								
	冷凝液温度								
	冷凝器冷却水出口温度								
	反应釜夹套出口温度								
	中和釜内温度								
压力 P /MPa	反应釜内压力								
	冷凝液槽压力								
	中和釜压力								
	自来水总进口压力								
反应记录	反应时间/h								
	原料 a 加入量质量/kg								
	原料 b 加入量质量/kg								
	中和液加入量质量/kg								
操作记事									
异常情况记录									

六、实训考评

"间歇反应器操作"考核评分表

实训者姓名：　　　　装置号：　　　　日期：　　　　得分：

评价内容	配分	评分说明	得分
操作规范 80分	开车准备(20分)	1. 现场设备、仪表、阀门检查 2. 试电检查,包括设备控制柜、空气开关、仪表电源等 3. 阀门状态检查(调整至要求状态) 4. 准备原料	
	开车操作及运行(40分)	1. 打通冷、热水槽通路,加水至合适液位,启动电加热器,控制热水槽内热水温度为90~95℃ 2. 打通原料加料通道,启动原料泵,按比例向反应釜内加料 3. 启动反应釜搅拌器,打通夹套加热系统,启动循环泵,对反应系统进行预热 4. 待釜内温度高于50℃时,控制反应温度恒定。由于反应为放热反应,启动反应釜内加热系统,缓慢升高加热功率,模拟实际放热反应过程。其间可根据反应釜内温度及反应釜夹套温度调节冷水补充量 5. 当釜内温度高于50℃时,关闭冷凝槽放空,打开冷凝器进水阀,当冷凝液槽液位高于1/3时,冷凝液槽打通回流使釜内反应稳定,并调节冷凝液槽出料量,保证冷凝液槽液位的稳定 6. 如釜内温度过高或需要快速降温时,则打开反应釜内蛇管冷却器,向反应釜内通冷却水,进行强制冷却。控制釜内温度、压力稳定,冷凝液槽液位稳定,连续反应2~3h后,通过冷凝液槽排污阀取样分析,反应转化率达到要求即反应结束,停止反应釜加热系统和搅拌系统	
	停车操作(20分)	1. 关闭反应釜内加热系统 2. 开启釜内蛇管冷却器冷却水进口阀,调节冷凝器冷却水进口阀开度,使冷却水量最大 3. 开启冷水槽出口电磁阀,对水浴系统降温 4. 待反应釜系统温度低于40℃时,关闭反应釜内蛇管冷却器冷却水进口阀和冷凝器冷却水进口阀 5. 水浴系统温度低于40℃时,关闭循环水泵出口阀,停止循环水泵,关闭循环水泵进口阀。 6. 开启冷、热水槽的排污阀,排放冷、热水槽中的水 7. 关闭产品储槽放空阀,产品储槽内的产物视实际情况由实验指导老师决定处理意见 8. 进行现场清理,保持各设备、管路的洁净 9. 及时做好操作记录	
职业素养 20分	安全生产、节约、环保(20分)	1. 养成按6S(整理、整顿、清扫、清洁、修养、安全)管理要求的工作习惯,操作过程中进行设备的定置和归位,保持工作现场的清洁,及时排出废液并进行清洗 2. 具有安全用水用电的意识,操作前进行水、电、气检查 3. 具备安全生产意识,按现场要求穿戴劳动保护用品,保持加热设备旁不摆放易燃易爆物质的习惯 4. 具备节能意识,对非常温设备和管路采取保温措施 5. 养成良好的操作习惯,经常检查各设备和阀门状态,不得擅离工作岗位,不乱动现场电源开关、阀门 6. 如实记录现场环境、条件和数据等,数据需完整、规范、真实、准确(记录结果弄虚作假扣全部安全环保分20分)	与评审专家顶撞等态度恶劣者本项记0分

七、实训报告要求

① 认真、如实填写操作报表。
② 提出提高间歇反应速率的操作建议。

八、实训问题思考

① 生产中还有哪些常用的反应器？分别适用于什么场合？间歇反应器相对于它们有何优势？
② 提高间歇反应速率的方法有哪些？
③ 如何做到安全、有效地进行间歇反应操作？
④ 间歇反应过程中如何做到节能、环保？

模块三

综合操作实训

项目一
化工管路拆装

一、实训任务

① 了解化工管路的组成与安装要求。
② 对化工管路图进行识图、绘图。
③ 进行管线的选材、裁剪、组装、试压、冲洗、运行及拆除操作，掌握化工管路的安装技术。
④ 熟悉常用管路拆装工具的使用方法。

项目一

二、实训内容与安装要求

管子和各种管件、阀门等组合称之为管路。管路同一切机器设备一样，是化工生产中不可缺少的部分。化工管路在生产中的作用，主要是用来输送各种流体介质（如气体、液体等），使其在生产中按工艺要求流动，以完成各个化工过程。管子的连接需要各种管件，流体流量的控制和调节需要各种阀门。

常用管材分为金属管和非金属管两大类。金属管包括有缝钢管、无缝钢管、铸铁管、合金管、有色金属管等；非金属管有陶瓷管、塑料管、橡胶管等。为满足工艺生产等需要，管路中还有许多管件，如弯头、三通、异径管、法兰、阀门等。管路中用作调节流量，切断或切换管路以及对管路起安全、控制作用的管件，通常称为阀门。

1. 实训内容
① 按管路布置图要求，选择管子并进行切割、绞丝，并进行管夹（卡）的加工。
② 根据管路布置图进行螺纹接合、阀门安装、流量计的安装、管路安装固定、试压。
③ 按化工制图要求画出管路的三视图。

2. 安装要求
① 螺纹接合　螺纹接合时管路端部应加工外螺纹，利用螺纹与管件、阀件、流量计配合固定。其密封是依靠锥管螺纹的咬合和在螺纹之间加敷的密封材料来达到。
② 阀门安装　阀门安装时应把阀门清理干净。单向阀、截止阀及调节阀安装时应注意介质流向，阀的手轮要便于操作。
③ 流量计的安装　转子流量计要求垂直安装；孔板流量计一般安装在水平直管上。流量计前后应有必要的直管段，前段须有 $15\sim20d$ 的直管段，后段须有 $5d$（d 为管子内径）的直管段，以保证测量准确。
④ 管子安装　管路的安装要求横平竖直，水平管其偏差不大于 15mm/10m，垂直管偏

差不能大于 10mm。

⑤ 水压试验　管路安装完毕，应作强度与严密度试验，试验是否有漏液现象。当管路系统进行水压试验时，试验压力（表压）为 294kPa，在试验压力下维持 5min，未发现渗漏现象，则水压试验为合格。

三、实训管路

化工管路拆装实训装置流程如图 3-1 所示。

四、实训方法及步骤

① 认真阅读管路流程图，熟悉各种管子、管件、阀件的名称、规格和基本画法，掌握它们的连接方法及安装要求，并将实训内容进行分工。
② 熟悉各种常用工具的使用方法及用途。
③ 按管路流程图的要求进行安装，用管夹固定在管架上，并用压力（表压）为 294kPa 的水进行试漏。合格后，按现场安装情况画出三视图。
④ 将管路拆除，恢复到实训前的状态。

五、实训注意事项

① 常用工具、管子、管件较笨重，在使用、安装时注意轻拿轻放，避免轧伤手、脚或损坏工具。
② 工作空间有限，在安装和拆除时一定注意自己和他人的安全，防止事故的发生。

六、实训问题思考

① 活接头在管路中可起到哪些作用？
② 连接两段直管常见的方法有哪几种？
③ 在你安装的管路中，当阀门全开时，流量仍很小，原因可能是什么？
④ 谈谈本次实训的收获。

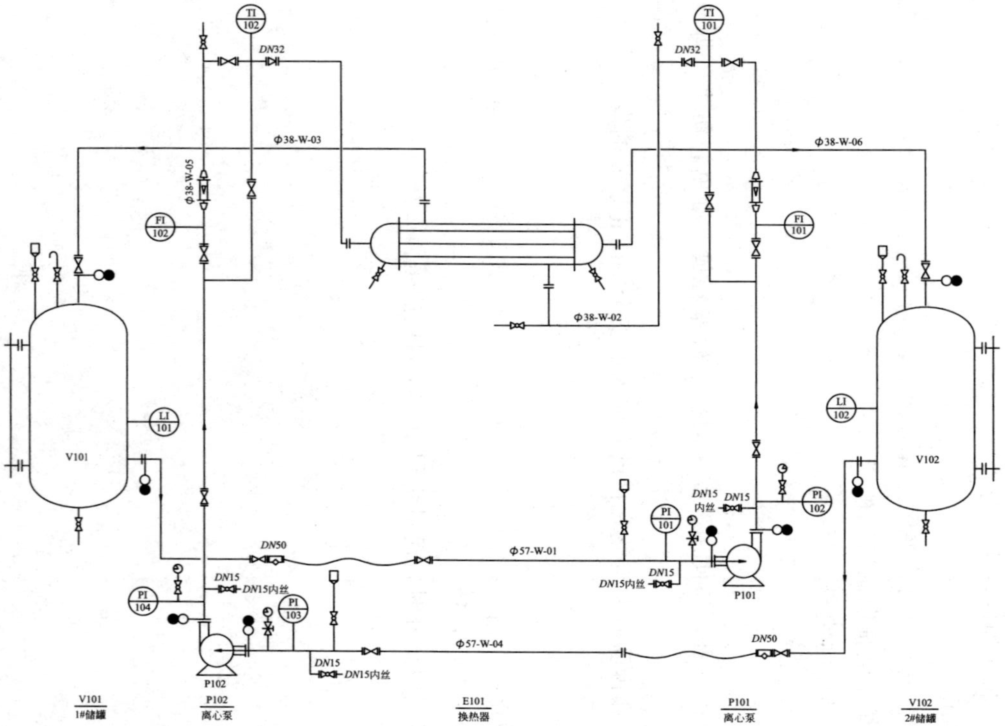

图例

图例	名称	图例	名称
	丝口球阀		放空
	活结球阀		压力定值阀
	法兰球阀		针形阀
	丝口闸阀		调压阀
	法兰闸阀		电磁阀
	丝口截止阀		电动阀
	法兰截止阀		气动阀
	丝口水嘴		疏水阀
	安全阀		软管
	过滤器		保温
	丝口活结		涡轮流量计
	法兰连接		转子流量计
	管道视镜		压力表
	法兰单向阀		8字盲板

仪表功能代号

代号		仪表功能	代号	仪表功能
首位字母	T	温度	后续字母 I	指示
	P	压力/真空	C	控制
	F	流量	A	报警
	L	液位	R	记录
	A	分析	V	执行
	E	电压	S	连锁
	I	电流	T	变送/传感
	D	浓度/密度	D	差
	H	手动	P	连接或测试点
	M	转速		

管道隔热代号

代号	功能	代号	功能
HI	隔热	PP	防烫
ET	电伴热	WT	热水伴热
ST	蒸汽伴热		

物料代号

代号	名称	代号	名称
PL	工艺流体	DR	排液
PG	工艺气体	N	氮气
PS	工艺固体	H	氢气
VT	放空	O	氧气
CWS	循环冷却水上水	CWR	循环冷却水回水
A	空气	DRY	导热油
LS	低压蒸汽	W	水
PLF	工艺液体辅料	CD	二氧化碳

图3-1 化工管路拆装实训装置流程图

项目二
机、泵拆装

任务一　IS 单级单吸离心泵拆装

项目二

一、实训任务

① 了解单级离心泵的结构，熟悉各零件的名称、形状、用途及各零件之间的装配关系。

② 通过对离心泵总体结构的认识，掌握离心泵的工作原理。

③ 掌握离心泵的拆装顺序以及在拆装过程中的注意事项和要求。

④ 掌握离心泵的拆装常用工具的使用方法。

二、实训知识准备

1. 简介

泵是用来输送液体并增加液体能量的一种机器。石油化工生产中的原料、半成品和成品大多是液体，在这些液体的输送中，泵起了提供压力及流量的作用。如果把管路比作人体的血管，那么泵就好比是人体的心脏。因此，泵在石油化工中起着极其重要的作用，泵一旦出现故障往往会影响整个系统的工作。

离心泵是指靠叶轮旋转时产生的离心力来输送液体的泵。离心泵有立式、卧式、单级、多级、单吸、双吸、自吸式等多种形式。离心泵的种类很多，但主要零部件却是相近的，图 3-2 为 IS 型单级单吸离心泵结构图，它主要由泵体、泵盖、泵轴、叶轮、轴承、密封部件和支座等构成。为防止液体从泵壳等处泄漏，在各密封点上分别装有密封环或轴封箱。轴承及轴承悬架支持着转轴，整台泵和电机安装在一个底座上。

一般离心泵启动前，泵壳内要灌满液体，当原动机带动泵轴和叶轮旋转时，液体一方面随叶轮作圆周运动，一方面在离心力的作用下自叶轮中心向外周抛出，液体从叶轮获得了压力能和速度能。当液体流经蜗壳到排液口时，部分速度能将转变为静压力能。在液体自叶轮抛出时，叶轮中心部分造成低压区，与吸入液面的压力形成压力差，于是液体不断地被吸入，并以一定的压力排出。

2. 离心泵常见故障、原因分析及处理方法

离心泵常见故障、原因分析及处理方法见表 3-1。

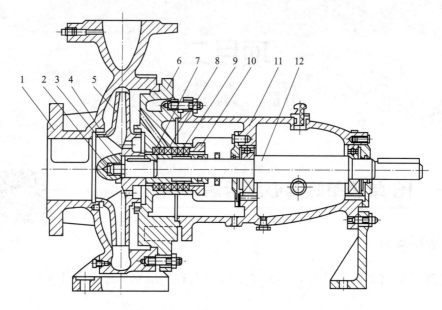

图 3-2 IS 型单级单吸离心泵结构图

1—泵体；2—叶轮螺母；3—制动垫片；4—密封环；5—叶轮；6—泵盖；
7—轴套；8—填料环；9—填料；10—填料压盖；11—轴承悬架；12—轴

表 3-1 离心泵常见故障、原因分析及处理方法

故障现象	原因分析	排除手段
泵不能启动或启动负荷大	原动机或电源不正常	检查电源和原动机情况
	泵卡住	用手盘动联轴器检查，必要时解体检查，消除动静部分故障
	排出阀未关	关闭排出阀，重新启动
	平衡管不畅通	疏通平衡管
泵不排液	灌泵不足(或泵内气体未排完)	重新灌泵
	泵转向不对	检查旋转方向
	泵转速太低	检查转速，提高转速
	滤网堵塞，底阀不灵	检查滤网，消除杂物
	吸上高度太高或吸液槽出现真空	降低吸上高度，检查吸液槽压力
泵排液后中断	灌泵时吸入侧气体未排完	重新灌泵
	吸入侧突然被异物堵住	停泵处理异物
	吸入大量气体	检查吸入口是否有漩涡，淹没深度是否太浅
流量不足	系统静扬程增加	检查液体高度和系统压力
	阻力损失增加	检查管路及止逆阀等障碍
	壳体和叶轮耐磨环磨损过大	更换或修理耐磨环及叶轮
	其他部位漏液	检查轴封等部位
	泵叶轮堵塞、磨损、腐蚀	清洗、检查、调换

续表

故障现象	原因分析	排除手段
扬程不够	叶轮装反（双吸轮）	检查叶轮
	液体密度、黏度与设计条件不符	检查液体的物理性质
	轴承损坏	检查修理或更换轴承
	流量太大	减小流量
	转速过高	检查驱动机和电源
	泵轴弯曲	矫正泵轴
	轴向力平衡装置失败	检查平衡孔、回水管是否堵塞
	联轴器对中不良或轴向间隙太小	检查对中情况和调整轴向间隙
转子窜动大	操作不当，运行工况远离设计工况	严格操作，使泵始终在设计工况附件运行
	平衡不通畅	疏通平衡管
	平衡盘及平衡座材质不合要求	更换材质符合要求的平衡盘及平衡座
发生水击	突然停电造成系统压力波动，出现排出系统负压，溶于液体中的气泡逸出使泵或管道内存在气体	将气体排净
	高压液柱由于突然停电迅猛倒灌，冲击在泵出口单向阀阀板上	对泵的不合理排出系统的管道、管道附近的布置进行改造
	出口管道的阀门关闭过快	慢慢关闭阀门
泵振动或异常声响	轴承间隙过大，轴瓦松动，油含杂质，油起泡，润滑不良，轴承损坏	采取相应措施，如调整轴承间隙，清除油中杂质，更换新油
	密封间隙过大，护圈松动，密封磨损	检查、调整或更换密封
	不对中，联轴器松动，密封装置摩擦，壳体变形，轴承损坏，轴弯曲	采取相应措施，修理、调整或更换
	支座或基础共振，管路、机器共振	加固基础或管路
轴承发热	水封圈与水封管错位	重新检查对中
	冲洗、冷却不良	检查冲洗、冷却循环水
	机械密封有故障	检查机械密封

三、实训设备与工具

1. 实训设备

如图 3-3 所示，IS80-65-160 型单级单吸悬臂式离心泵一台。

2. 实训工具

游标卡尺、外径千分尺、钢板尺、水平仪、铜锤、螺丝刀、专用扳手、拉力器、平板、V 型铁、手锤、撬棍、拉马、油枪、百分表、百分表支架、钢管套、紫铜棒、油盆等。

四、实训操作步骤

1. 拆卸

① 打开联轴器外罩；

图 3-3　IS80-65-160 型单级单吸悬臂式离心泵

② 拆下联轴器将泵与电机分离；
③ 拆下放油管堵，排尽润滑油；
④ 拆下进、出口连接螺栓及支架螺栓，用启盖螺钉打开泵盖，取出泵主体结构；
⑤ 从叶轮处依次拆下锁母、叶轮、泵盖（含机封）、悬臂支架、防尘罩、轴承端盖；从联轴器处依次拆下联轴器、防尘罩、轴承端盖；
　a. 锁紧螺母拆卸：套铜扳手套住螺母，用小 F 扳手固定住联轴器旋下锁紧螺母；
　b. 叶轮拆卸：用两根斜铁插入叶轮背部与泵盖的间隙，两侧同时敲击，在叶轮松动时将其撬出（配合不紧时可直接取出）；
⑥ 用套铜垫在轴承内圈上敲击，将轴承连同主轴一起从轴承箱中取出；
⑦ 机封拆卸，轴套上除调节弹簧比压的定位环、紧定螺钉外，其余均需拆下；
⑧ 检查零件，学生填写零件检查记录表。

2．装配
① 清洗零件；
② 将轴承连同主轴一起装入轴承座中；
③ 两侧轴承端盖安装；
④ 机封安装（可在此之前随时进行）；
⑤ 一端安装联轴器，另一端从叶轮处依次安装泵盖（含静环）、轴套（含动环）、叶轮、锁紧螺母（注意四氟垫的安装）；
⑥ 将泵主体结构与泵盖连接后，拧紧进出口连接螺栓及支架螺栓。

五、实训注意事项

① 拆卸机械密封应仔细，不许动用手锤、铁器敲击，以免破坏动、静密封。
② 如有污垢拆不下来时，不应勉强去拆，应设法清除污垢，冲洗干净后，再拆除。
③ 安装机械密封前，应检查所有密封元件是否有失效和损坏。
④ 应严格检查动环和静环的对磨密封端面，不允许有任何细微的划伤等缺陷，装配前应冲洗干净，动、静环端面涂上一层清洁的油脂或机油。
⑤ 装配中要注意消除偏差，紧固螺钉时，要均匀把紧，避免发生偏斜。
⑥ 正确调整弹簧的压缩量，使其不至太紧或太松。

⑦ 对各接合面和易于碰伤的地方，需采取必要的保护措施。
⑧ 用煤油或轻柴油将解体后的零部件清洗干净后，按照顺序放置好，以备检查和测量。

六、实训考评

"IS 单级单吸离心泵拆装"考核评分表

实训者姓名：　　　　装置号：　　　　日期：　　　　得分：

考核项目	考核内容	配分	考核标准	得分
操作规范（80分）	拆卸顺序正确	20	每错一次扣3分，直至扣完	
	记录与检查项目齐全	10	未检查法兰密封垫圈完好扣1分	
			未检查轴承是否完好、滚动是否灵活各扣1分（共2分）	
			未检查机封密封面扣1分	
			未检查机封完好情况扣1分	
			未检查泵体上各垫片完好情况分别扣0.5分，直至扣完（共2分）	
	工具使用正确合理	10	不正确合理使用工具，每次扣2分，直至扣完	
	零部件的清洗	15	轴承未清洗扣2分	
			机封未清洗扣2分	
			油腔未清理扣2分	
			其他轴上各配合面未清理各扣2分（联轴器、轴套、叶轮共5分）	
	安装工序正确	20	机封面未加油扣2分	
			装配工序不合理每错一次扣2分，直至扣完	
			最终漏装或装错零件扣5分	
	装配结束整机检查	5	运转不灵活扣3分	
			有摩擦声扣2分	
职业素养（20分）	零部件摆放整齐干净	5	摆放杂乱扣3分	
			无垫层扣2分	
	工具摆放整齐	3	摆放杂乱扣3分	
	文明安全操作（若对设备或人身产生重大安全隐患的，该项分扣除）	12	穿戴不规范扣3分	
			伤害到别人或自己、物件掉地等不安全操作各扣3分（共6分）	
			不服从裁判管理扣3分	

七、实训报告要求

① 认真填写零件检查记录表。
② 绘制IS泵装配结构图。

八、实训问题思考

① IS80-65-160 型离心泵型号的含义是什么？
② 离心泵密封环的形式及特点有哪些？

任务二　离心通风机拆装

一、实训任务

① 了解离心通风机的结构，熟悉各零件的名称、形状、用途及各零件之间的装配关系。
② 通过对离心通风机总体结构认识，掌握离心通风机的工作原理、性能、特点。
③ 掌握离心通风机的拆装方法与步骤以及在拆装过程中的注意事项和要求。
④ 掌握离心通风机的拆装常用工具的使用方法。

二、实训知识准备

1. 简介

风机是输送气体的机械设备，它是将原动机的机械能转变为气体的动能和压力能。离心通风机与离心泵一样，是工厂通风系统与输送系统中广为使用的一种通用流体机械。离心通风机的构造可分为转动部分（转子）和固定部分，前者由叶轮、转轴等组成，后者一般由机壳、集流器、出风口、轴承和轴承座等组成，如图 3-4 所示。

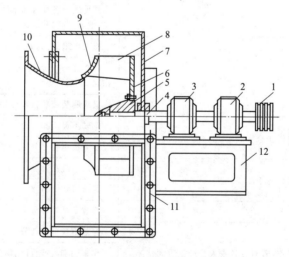

图 3-4　离心通风机结构示意图
1—带轮；2，3—轴承座；4—主轴；5—轴盘；6—后盘；7—蜗壳；
8—叶片；9—前盘；10—集流器；11—出风口；12—底座

叶轮是离心通风机的心脏部件，它的作用是对气体作功，提高气体的能量。叶轮的尺寸和几何形状对离心通风机的特性有重大影响。离心通风机的叶轮一般由前盘、叶片、后盘和轴盘组成，其结构有焊接的和铆接的两种形式。蜗壳俗称机壳，其作用主要有两个，一是汇集叶轮中甩出来的气体,并导向通风机出口;二是将叶轮出口气流的部分动压(动能)转变为静压。集流器俗称进风口,它的作用是保证气流均匀地进入叶轮进口,减小流动损失,提高叶轮效率和降低进口涡流噪声。

离心通风机的进气方式有单侧进气(单吸)和双侧进气(双吸)两种。单吸通风机又分为单侧单级叶轮和单侧双级叶轮两种,在同样情况下,双级叶轮产生的风压是单级叶轮的两倍。双吸单级通风机是双侧进气,单级叶轮结构,在同样情况下,这种风机产生的流量是单吸的两倍。

离心通风机可以做成顺时针旋转或逆时针旋转两种。从电动机一端正视风机,叶轮旋转为顺时针方向的称为顺旋转,用"右"或"顺"表示;叶轮旋转为逆时针方向的称为逆旋转,用"左"或"逆"表示。但必须注意,叶轮只能顺着蜗壳螺旋线的展开方向旋转。

根据使用情况不同,离心通风机的传动方式有多种。如果离心通风机的转速与电动机的转速相同时,可采用联轴器,将通风机和电动机直联传动。如果离心通风机的转速和电动机的转速不相同,则可以采用通过皮带变速的传动方式。目前,我国生产通风机的工厂,把离心通风机的传动方式规定为六种传动方式。A 形电动机与通风机直联。B 型、C 型、E 型都是带传动,B 型是悬臂支承,带轮在轴承中间;C 型也是悬臂支承,带轮在轴承外侧;E 型是双支承,带轮在外侧。D 型、F 型是联轴器传动,D 型是悬臂支承,F 型是双支承。G 型为齿轮传动。

离心通风机属于叶片式,它们是靠叶轮旋转时叶片拨动气体旋转,使气体产生惯性离心力而工作的。当主轴带动叶轮旋转时,叶轮中的气体受叶片的作用而获得离心力,被甩出叶轮到蜗壳中,并经过蜗壳和出口扩压器排出。由于气体甩出叶轮后,在叶轮进口处形成真空,外界的气体在大气压强作用下通过进风口进入风机叶轮。由于叶轮不断旋转,故气体也源源不断地进入叶轮,这样就保持了通风机中气体的连续流动,不停地送风了。

2. 离心通风机常见故障原因及处理方法

离心通风机常见故障、原因分析及处理方法见表 3-2。

表 3-2 离心通风机常见故障、原因分析及处理方法

故障现象	原因分析	排除手段
出口压力过高,流量减少	气体温度过低或气体成分改变或气体所含固体杂质增加,使气体密度增大	升高气体温度,减少杂质,使气体密度减小
	出气管道和阀门被尘土、烟灰和杂物堵塞	开大出气阀门,或进行清扫
	进气管道或风门、网罩被尘土、烟灰和杂物堵塞	开大进气阀门,或进行清扫
	排气管道破裂或法兰不严	修补管道或紧固法兰
	叶轮入口间隙过大,或叶片磨损严重	调整叶轮入口间隙,或更换叶片
	轴与叶轮松动	紧固叶轮
压力过低,排出流量过大	气体温度过高,使气体密度减小	降低气体温度
	进气管道破裂或法兰不严	修补管道,或紧固法兰
通风系统调节失灵	真空计和压力表失灵,调节门卡住或失灵	修理或更换真空计和压力表,修理调节阀门
	因使用流量减少太多,或管道堵塞引起风量急剧减小,使风机在不稳定下工作	如需减小流量,则打开旁路门或降低转速,如管道堵塞,则清扫之

续表

故障现象	原因分析	排除手段
振动	风机轴与电动机轴歪斜不同心,或联轴器两半安装错位	进行调整,重新找正
	轮盘与叶轮松动,联轴器螺栓松动	拧紧或更新固定螺栓
	机壳与支架、轴承箱与轴承座等联结螺栓松动	拧紧或更新固定螺栓
	叶轮铆钉松动或叶轮变形,叶轮轮毂与轴松动	更换铆钉或叶轮重新配换
	叶轮等转动部件与机壳或进风口刮碰	修理刮碰部位
	风机进、出气管道的安装不良,产生共振	调整装配间隙,达到装配要求
	基础的刚度不够或不牢固	加强或更换基础
	叶轮不平衡(磨损、生锈、结垢、质量不均)	清扫、修理叶轮;重新做动静平衡
	轴承损坏或间隙过大	更换轴承
	共振(系统共振、工况共振、基础共振)	对系统进行运行工况调节
轴承温度高	轴承损坏	更换轴承
	润滑油或润滑油脂选型不对	重新选型并更换合适的油品
	润滑油位过高或缺油	调整油位
	冷却水量不够	增加冷却水量
	电机和风机不同一中心线	找径向、轴向水平
	转子振动	对转子找平衡
电动机电流过大和温升过高	启动时进气管道上的闸阀未关严	启动时关严闸阀
	风机流量超过规定值或风管漏气	关小节流阀,检查是否漏气
	输送气体的密度过大,造成压力过高	如气体温度过低应提高,或减风量
	电动机输入电压过低或单项断电	检查电源故障并进行修理
	联轴器联结歪斜或间隙不均	重新找正
	轴承座剧烈振动引起	消除振动
	并联工作的风机工作情况恶化或发生故障	检查并联工作系统

三、实训设备与工具

1. 实训设备

如图 3-5 所示,9-19-11No4A 型高压离心通风机一台。

2. 实训工具

主要包括一字及十字旋具、钳子、活扳手、记号笔、动平衡检测仪表、钢板尺、水平仪、记录用纸、油盆等。

四、实训操作步骤

1. 离心风机的拆卸

① 卸下轴承托架的螺栓,再拆下托架;

图 3-5 9-19-11No4A 型高压离心通风机

② 拆下风机两侧的地脚螺栓，使整个风机机体从减振基础上拆下；

③ 拆下吸入口、机壳；

④ 拆开锁片，将锁片板上的三枚紧固螺钉拧下，从轴上拆下销片；

⑤ 卸下叶轮、轴和轴承装置；

⑥ 拆下轮毂机座（要注意垫好才能拆下）；

⑦ 从机壳上拆下支架和截流板。

2．离心风机的装配

① 清洗零件；

② 装配时按照先将零件组装成部件、再把部件组装成整机的规则，并按照与拆机相反的顺序进行。装好的风机必须装回其原来的位置。

五、实训注意事项

① 拆风机之前，先要了解风机的外部结构特点，分析出拆风机的次序即先拆哪部分、再拆哪部分。

② 拆卸时应将卸下的机械零件按一定的顺序放置好，拆完之后，重点了解以下内容并做记录：

a. 所拆风机的型号、性能参数；

b. 构成部件名称；

c. 有无蜗舌；

d. 叶轮的结构形式与叶型；

e. 吸入口、排出口、转向等的区分；

f. 与电动机的联统方式。

③ 安装时应注意以下事项：

a. 风机轴与电动机轴的同轴度，通风机的出口接出风管应顺叶轮旋转方向接出弯头，并保证至弯头的距离大于或等于风口出口尺寸的 1.5～2.5 倍；

b. 装好的风机进行试运转时,应加上适度的润滑油,并检查各项安全措施,盘动叶轮,应无卡阻现象,叶轮旋转方向必须正确,轴承温升不得超过40℃。

六、实训考评

"9-19-11No4A型离心通风机拆装"考核评分表

实训者姓名：　　　　装置号：　　　　日期：　　　　得分：

考核项目	考核内容	配分	考核标准	得分
操作规范（80分）	拆卸顺序正确	20	每错一次扣4分,直至扣完	
	记录与检查项目齐全	10	未检查轴承是否完好、滚动是否灵活各扣2分	
			未检查风机轴与电动机轴的同轴度扣3分	
			未检查叶轮旋转方向是否正确扣3分	
	工具使用正确合理	10	不正确合理使用工具,每次扣2分,直至扣完	
	零部件的清洗	15	轴承未清洗扣3分	
			叶轮未清洗扣3分	
			机壳未清理扣3分	
			其他轴上各配合面未清理各扣3分,直至扣完	
	安装工序正确	20	机封面未加油扣2分	
			装配工序不合理每错一次扣5分,直至扣完	
			最终漏装或装错零件扣5分	
	装配结束整机检查	5	运转不灵活扣2分	
			有摩擦声扣2分	
职业素养（20分）	零部件摆放整齐干净	5	摆放杂乱扣3分	
			无垫层扣2分	
	工具摆放整齐	3	摆放杂乱扣3分	
	文明安全操作（若对设备或人身产生重大安全隐患,该项分扣除）	12	穿戴不规范扣3分	
			伤害到别人或自己、物件掉地等不安全操作各扣3分(共6分)	
			不服从裁判管理扣3分	

七、实训报告要求

① 认真填写拆卸、装配离心通风机的顺序、要点、测量记录内容,明确拆卸要点,拆之前干什么,拆的过程中注意什么。

② 绘制9-19-11No4A型离心通风机装配结构图。

八、实训问题思考

① 简述离心通风机零部件的名称与作用。
② 简述离心通风机的工作原理。
③ 离心通风机拆卸方法、步骤如何?
④ 离心通风机拆装需准备哪些工、量具?

项目三
超纯水的生产

一、实训任务

① 了解反渗透纯水机和 EDI 的基本构造和工作原理。
② 进行实际操作，生产电阻率在 15MΩ·cm 以下的超纯水。
③ 熟悉反渗透纯水机和 EDI 的常见故障及处理方法。

项目三 动画扫一扫

二、实训知识准备

超纯水处理设备由反渗透纯水机和 EDI 水处理机两部分构成。

1. 反渗透纯水机

（1）简介

RO 反渗透纯水机采用先进的超低压反渗透技术对自来水进行提纯。结合精心设计的过滤及吸附系统，能有效地去除水中各类细菌、病毒、农药残留物、重金属离子等有害健康的物质，更能去除常规手段无法去除的三氯甲烷、氟等致癌物质。所制纯净水的电导率完全能保持在标准规定的 $10\mu S/cm$ 以下。

RO 系列反渗透纯水机，柜架式敞开设计，流程清晰，易于维护保养。可作为食品、饮料、化工、医药、半导体、电子等行业的水处理设备。

RO 反渗透纯水机的主要单元有：石英砂预滤器、活性炭吸附滤器、精滤器、反渗透过滤器。

（2）故障分析及排除

① 一般故障分析及排除方法见表 3-3。

表 3-3 反渗透纯水机的一般故障分析及排除方法

故障现象	原因分析	排除手段
按下启动开关,机器难以启动	水管压力太低流量不足	先启动增压开关,再启动本机
	精滤部分堵塞	更换精滤器中的精滤芯
开机初期水质电导率偏高	工作压力不在额定范围,且压力调节阀关死	将工作压力调整到额定范围,但不得将调压阀关死
水质口感不好或有异味	活性炭吸附滤芯饱和,不能有效吸附水中的异味和余氯	立即更换吸附滤芯或涂料
出水量明显下降	水硬度高的地区,RO 膜极易结垢	用 A 型清洗剂清洗 RO 膜,增配全自动软水器
	RO 膜使用一段时间后被有机物等污染	用 B 型清洗剂清洗 RO 膜
	气温下降,造成正常性的出水量下降	用加热水做进水,但温度不宜超过 45℃

② 常见电器故障分析及排除方法见表 3-4。

表 3-4　反渗透纯水机的常见电器故障分析及排除方法

故障现象	原因分析	排除手段
设备打到"自动"挡,不制水	是否有 380V 电源供给	正常供给 380V 电源
	挡位选择开关是否已损坏	更换
	压力低、压力高、水满、原水无水等传感器是否有错误动作	检查并逐一排除
	线路故障或反渗透控制器损坏	检查或更换
	热继电器动作或损坏	检查、更换
	电机、接触器故障或损坏	检查、排除或更换
设备打到"手动"挡,不制水	是否有 380V 电源供给	正常供给电源
	热继电器动作或损坏	检查、更换
	手动挡开关接触不良	检查、排除、更换
	电机或接触器损坏	检查、更换
	线路故障	检查并排除

2. EDI 水处理机

(1) 简介

EDI 是一种具有革命性意义的水处理技术，它是巧妙地将电渗技术与离子交换技术相结合的先进技术。这种技术无需酸碱再生就能连续制取高品质纯水。

利用 EDI 工艺来代替传统的 DI 混合树脂床制造去离子水是一种新的发展方向。EDI 主要是从反渗透（RO）及其他纯化设备处理过的水中去除离子。可以连续产生高达 $18.0 M\Omega \cdot cm$ 的超纯水。EDI 模块的设计包括了两个成熟的水净化技术（电渗析和离子交换树脂除盐）。通过这种革命性的技术，用较低的能源成本就能去除水中的溶解盐，而且不需要化学再生；它能产生高达 $18 M\Omega \cdot cm$ 的高质量纯水，且能够连续稳定大流量地生产。

EDI 模块通过一个电场迫使 EDI 进水中的离子从进水流中分离出来，再进入与进水流毗邻的浓水流中。EDI 与 ED 不同的是在淡水室中使用了树脂，这就使离子能在较低电导率的水中更快地迁移。EDI 在稳定状态下工作，就像是一个离子输送器。

EDI 模块工艺采用离子膜和离子交换树脂夹在直流脉动电压下两个极［阳极（＋）和阴极（－）］之间，利用两极间的直流电源的电场从 RO 产水中去除离子。

EDI 模块基本重复单元叫做"膜对"。EDI 模块的膜对放置在两个电极之间，两电极提供直流电场给膜对。在直流电场推动下，离子通过离子膜从淡水室输送到浓水室。因此，当水通过淡水室流动时，逐步达到无离子状态，这股水流最终出水就是超纯水，如图 3-6 所示。

流出 EDI 模块的 RO 水被分成了两股独立的水流：产水（高达 99％的水回收率）和浓水（一般为 10％，可以循环回流到 RO 进水）。

(2) 故障排除

常见故障分析及排除方法见表 3-5。

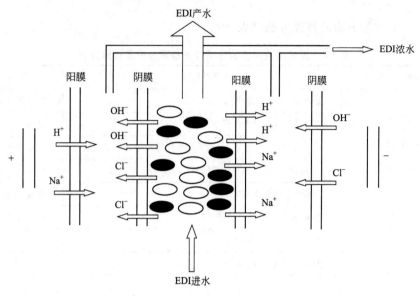

图 3-6 EDI 膜对示意图

表 3-5 EDI 水处理机的故障分析和排除方法

故障现象	原因分析	排除手段
产水电阻率低	电源： 　电源没电 　电流设定过低 　电极接头发生松动 水流量： 　流过模块的水流量低于最小值 　流过模块的水流量高于最大值 进水：不符合进水规范要求 　模块堵塞或结垢 　模块扭矩过小	打开电源 查电源电压 确保电极连接正常 重新调节浓水和进水压力 检查 RO 产水品质，尤其是 DTS、Cl_2、CO_2 等 清洗模块 重新调整扭矩
产水流量低	淡水室：污堵 进水压力：太低 温度：太低	检查进水中的有机污染物浓度是否有保安过滤器 增加进水流速 注意进水温度
没有浓水或浓水流量偏低	浓水阀没有设置好 浓水室结垢	调节阀门增加流量 检查 RO 产水的 TDS、硬度、CO_2、pH 值 清洗组件
模块逸出太多气体	电流设定太高	降低电流
产水的 pH 值过高或过低	电流设定太高	降低流压
模块电流过大	进水电导率过高	检查 RO 产水的 TDS 模块缺水

三、超纯水生产工艺流程

超纯水生产工艺流程见图 3-7。

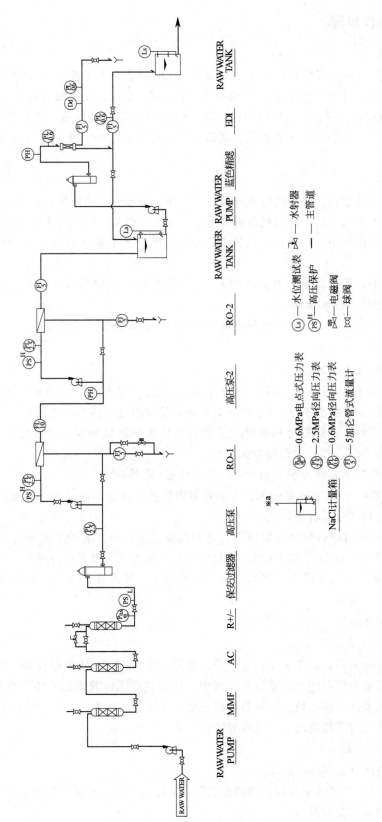

图 3-7 超纯水生产工艺流程图

四、实训操作步骤

1. 操作步骤

反渗透系统应用集中式电气控制，以先进的 RO-2313 反渗透控制器等电气元件完成"傻瓜"型电路控制。本机采用手动、自动两套独立系统，以保证本系统的高可靠性。

反渗透系统操作步骤简单，只需在有水有电的情况下按下自动按钮，机器就自动地按照预先设定的程序进行工作。在自动系统出现故障时，可手动进行制水，以保证系统的高可靠性。

2. 注意事项

① 每次启动机器设备，必须进行排水和放气工作，即做到启动放气，停止排水。
② 电机绝不可无水空转，同时机器设备也不可无水运行或有空气进入。
③ 在设备电源供给中，注意各电机转向，应与电机壳体上标注方向一致，另外还需注意是否缺项。
④ 设备运行中，若有异响必须立即按下"急停"按钮，以避免事故发生。待查清、排除故障后方可重新启动制水设备。
⑤ 设备出现紧急情况时可直接断开电源供给，以保证设备和人身安全。

3. 维护保养

(1) 更换吸附过滤器滤芯

① 余氯可使 RO 膜分解，缩短 RO 膜的寿命，因此应每天检测一次出水余氯含量。
② 当吸附过滤器出水余氯 $>0.1\times10^{-6}$ 时，应更换吸附过滤器的活性炭。
③ 更换活性炭时，请首先打开吸附过滤器底部放水阀放掉积水，然后旋下法兰螺栓，拿下封头，更换滤芯后，再妥善盖好封头。

(2) 更换精滤器中的精滤芯（pp20-30 型熔喷 pp 滤芯）

① 精滤器中装有五根 $5\mu m$ 精滤芯，可有效阻挡活性炭微粒，保证 RO 膜和高压泵的安全；当堵塞后应立即更换或浸泡清洗。
② 精滤芯的堵塞可通过精滤器顶部压力表和高压泵出口压力表的差值来分析，一般当精滤器压力比泵口压力高出 0.2MPa 时，并且机器启动困难时即可更换精滤芯。
③ 更换时，请首先打开精滤器底部放水阀放掉积水，然后旋松卡箍，拿下封头，更换精滤芯，再妥善装好封头。

4. RO 膜的药物清洗

(1) 何时需要进行药物清洗

本机使用一段时间后，由于水中硬度离子、细菌、有机物、胶体物等对 RO 膜表面的污染，再加上 RO 膜本身特有的"浓差极化"现象，均会使得 RO 膜表面积垢，发生膜污染，造成产水量或脱盐率低于额定值。当仅靠冲洗方法无法恢复 RO 膜的正常工作性能，这时就需要对一级 RO 膜进行药物清洗。一般两周进行一次。

(2) 药物清洗方法

一级 RO 膜清洗方法如下。

① 准备一个 60L 塑料洁净容器，用两根软管分别连接增压泵的进水口和主机的排水口，软管的另一头分别放置在容器内。

② 容器内放入事先制备的 50L 纯净水，然后倒入一包 RO 膜清洗剂，充分搅拌均匀，将冲洗一级膜开关打向"开"位置。

③ 开启增压泵，按下启动开关，即对一级 RO 膜进行药物清洗，持续进行 1h 左右。

④ 停机后重新按正常工作状态接好水源和排水管。

（3）清洗剂选用

两种清洗剂，分为 A 型和 B 型，具体适用情况如表 3-6 所示。

表 3-6　清洗剂的适用情况

型号	适用范围	使用配比
A	适用于对非有机物污染进行清洗（如碳酸钙等），尤其适合我国北方硬水地区及南方石灰地区使用	50L 纯净水配合一袋清洁剂使用
B	适合于高含量有机物污染的清洗（如微生物残渣、霉菌、碳酸钙等），适合我国南方水源有机物严重地区采用	50L 纯净水配合一袋清洁剂使用

（4）注意事项

RO 膜上的污染物去除可通过药物清洗和物理冲洗来实现，有时亦可通过改变条件来实现，作为一般的原则，当下列情形之一发生时应进行清洗。

① 在正常压力下如纯水流量降至正常期的 10%～15%。

② 为了维持正常的纯水流量，经温度校正后的给水压力增加了 10%～15%。

③ 纯水水质降低 10%～15%，盐透过率增加 10%～15%。

④ 使用压力增加 10%～15%。

项目四
氧化锌的生产

任务一　氧化锌生产流程认知

一、实训任务

① 了解氧化锌生产的工艺原理及工艺条件。
② 掌握氧化锌生产工艺流程。
③ 熟悉化工生产从原料进入到产品出厂的过程控制。

二、实训知识准备

氧化锌是用途十分广泛的功能材料,大量用于电子、涂料、催化等重要工业技术领域。氧化锌是无机化工锌盐系列中的一个重要分支。氧化锌作为基础化工原料又有着广泛的应用领域。随着科学技术的发展,氧化锌的许多特性被人们重新认识。氧化锌所具有的特性功能被开发运用于新的科学领域和新的行业,成为国民经济建设中不可缺少的重要基础化工原料和新型材料,如纳米氧化锌就被誉为 21 世纪的新材料。

氧化锌主要用于橡胶电子、医药涂料等行业。氧化锌的生产方法有多种,结合实训生产车间的要求,采用湿法直接沉淀法。直接沉淀法是制备氧化锌的主要方法,其实质是在锌的可溶性盐溶液 [如 $ZnSO_4$、$ZnCl_2$、$Zn(NO_3)_2$ 等] 中加入一种沉淀剂 [如 Na_2CO_3、$NH_3 \cdot H_2O$、$(NH_4)_2C_2O_4$ 等],首先制成另一种不溶于水的锌盐或锌的碱式盐、氢氧化锌等,然后再通过加热分解的方式制得氧化锌粉体。

主要化学反应为:

$$5ZnSO_4 + 5Na_2CO_3 + 3H_2O \Longrightarrow Zn_5(CO_3)_2(OH)_6 + 5Na_2SO_4 + 3CO_2\uparrow \quad (3-1)$$

$$Zn_5(CO_3)_2(OH)_6 \Longrightarrow 5ZnO + 2CO_2\uparrow + 3H_2O\uparrow \quad (3-2)$$

生产的工艺条件如下。

① 沉淀中和工艺过程。反应温度 70~80℃,$ZnSO_4$ 11%,Na_2CO_3 10%,反应时间 2h。
② 干燥工艺过程。进风温度 160~180℃,出风温度 90~100℃,进料电机频率 15Hz。
③ 煅烧工艺过程。升温至 250℃,保温 30min,再升温至 550℃,保温 3h。

三、工艺流程

氧化锌的生产工艺流程框图如图 3-8 所示。

图 3-8 氧化锌的生产工艺流程框图

生产工艺流程图如图 3-9 所示。

四、氧化锌生产过程控制

1. 溶液的配制

(1) 硫酸锌溶液的配制

将 1 号配料釜用清水冲洗干净,检查设备各零部件是否完好,开启真空泵,将真空引入 1 号水计量高位槽中,打开水储罐出口阀和水高位计量槽的进水阀,将水抽入高位计量槽中,调节水的液位至标定刻度处 (80kg),在 1 号配料釜中加入 80kg 超纯水,开启搅拌,缓慢加入称量好的七水硫酸锌晶体 20kg,加完后继续搅拌 20min,停止搅拌,将配制好的硫酸锌溶液放入硫酸锌储罐备用。

(2) 碳酸钠溶液的配制

将 1 号配料釜用清水冲洗干净,检查设备各零件、部件是否完好,开启真空泵,将真空引入 1 号水计量高位槽中,打开水储罐出口阀和水高位计量槽的进水阀,将水抽入高位计量槽中,调节水的液位至标定刻度处 (80kg),在 1 号配料釜中加入 80kg 超纯水,开启搅拌,缓慢加入称量好的碳酸钠粉末 9kg,加完后继续搅拌 20min,停止搅拌,将配制好的碳酸钠溶液放入碳酸钠储罐备用。

2. 沉淀中和工艺过程

(1) 检查准备

将 2 号反应釜用清水冲洗干净,检查设备各零部件是否完好。

(2) 进料

开启真空泵,将真空引入 2、3 号计量槽,打开硫酸锌溶液和碳酸钠溶液计量槽进料阀,开启硫酸锌溶液和碳酸钠溶液储罐的出料阀,当物料液位达到标定刻度时立即关闭计量槽进料阀和储罐出料阀。关闭计量槽真空系统,打开放空阀。万一操作失误,进料超过液位,可打开计量槽底部的旁通阀,将过量的溶液用桶收集倒入储槽中。

(3) 中和沉淀

先在 2 号反应釜中加入计量好的 $ZnSO_4$ 溶液 100kg,启动搅拌,开启反应釜加热系统,缓慢将计量好的 Na_2CO_3 溶液 80kg 加入反应釜进行中和沉淀,注意加料速度,以免物料在气泡的作用下冒槽,加入速度通过加料的球阀的开度控制;加料过程控制反应温度为 70~80℃,继续反应 2h,反应完后 pH 为 6.5~6.7,混合液中 Zn^{2+} 浓度达到 1.0g/L 即为终点。主要化学反应为:

$$5ZnSO_4 + 5Na_2CO_3 + 3H_2O \xrightarrow{\quad\quad} Zn_5(CO_3)_2(OH)_6 + 3CO_2\uparrow + 5Na_2SO_4$$

反应后的物料经沉淀后,应及时压滤或离心分离,滤渣加入 2 号反应釜中用 200kg 超纯水打浆洗涤,再压滤或离心分离,重复两次洗涤操作,至滤液用 6% $BaCl_2$ 溶液检测,无白色沉淀即可,制得碱式碳酸锌湿饼。

148　化工单元操作实训

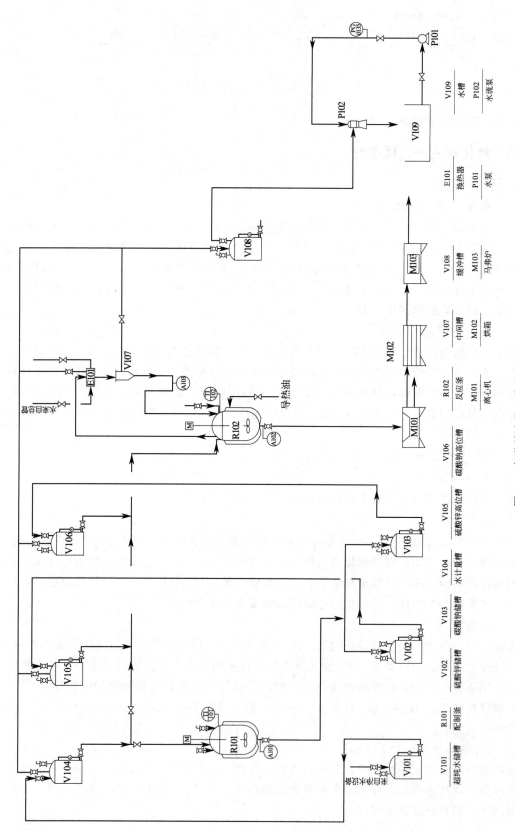

图 3-9　氧化锌生产工艺流程图

3. 干燥工艺过程

所得碱式碳酸锌湿饼放进烘房内低于 135℃烘干或送入闪蒸干燥机干燥，干燥条件为：进风温度 160～180℃，出风温度 95～105℃。具体操作见闪蒸干燥机干燥实训操作。

4. 煅烧工艺过程

干燥后的物料经 200 目的磨粉机粉碎后转入马弗炉中，在 550℃下焙烧 3h。冷却到 40～50℃后即可出炉包装。出炉到包装在 30min 内完成。

5. 紧急停车

当在生产过程中出现停电、断水等特殊情况，可能会使设备遭到损坏、某些电气设备的电源发生故障、某个或多个仪表失灵而不能正确地显示要观测的各项参数。

（1）紧急停车

先要停止进料，调节釜的加热和冷却液的进料量，使操作处于待生产状态，然后迅速将停车原因上报管理人员。在条件允许的情况下，应及时抢修，排除发生的故障。

（2）全面紧急停车

是指在生产过程中因突然停水、停电或发生重大事故而引起的停车。发生全面停车，操作者要迅速、果断地采取措施尽量保护好设备。

任务二　喷射式真空泵的操作

一、实训任务

① 了解喷射式真空泵的基本构造和工作原理。
② 进行实际操作，熟悉喷射式真空泵的操作方法。
③ 熟悉喷射式真空泵常见故障及处理方法。

二、实训知识准备

喷射式真空泵（喷射泵）是利用流体流动时的能量转化以达到输送流体目的的装置，故又称流体动力泵。它既可用于输送气体，也可用于输送液体，但在化工生产中主要用来造成真空，称为喷射式真空泵。

1. 喷射式真空泵的结构和工作原理

喷射式真空泵主要由喷嘴、喉管和扩压管等组成。当具有一定压力的工作流体通过喷嘴并以一定速度喷出时，由于射流质点的横向絮动扩散作用，将吸入管的空气带走，管内形成真空，低压流体被吸入，两股流体在喉管内混合并进行能量交换，工作流体的速度减小，被吸流体的速度增加，在喉管出口，两者趋近一致，压力逐渐增加，混合流体通过扩压管后，大部分动能转换为压力能，使压力进一步提高，最后经排出管排出。

水喷射真空泵介质是水，水喷射真空泵装置由喷射器、水罐、离心清水泵、气液分离器、底座等部分组成。离心清水泵的入口同水罐相连通，出口通过管路同喷射器入口相通。当离心清水泵启动后，工作介质水便连续不断地从水罐中打入喷射器中，在喷射器内完成工作过程,将被抽系统的气体连同水组成的混合液体又排向水罐中,水喷射真空泵的喷射器结构如图3-10所示。

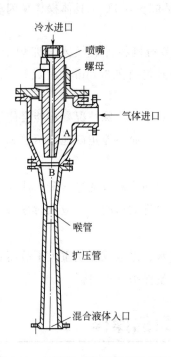

图3-10 水喷射真空泵的喷射器结构

2. 喷射式真空泵的特点

水喷射真空泵的优点是构造简单,制造容易,没有运动部件,不易发生故障;可采用各种材料制造,适应性强;工作可靠,安装维护方便,密封性好;能输送高温的、有腐蚀性的,含有固体颗粒的流体。缺点是其效率较低,工作流体消耗量大。

3. 水喷射真空泵常见故障及处理方法

水喷射真空泵常见故障及处理方法见表3-7。

表3-7 水喷射真空泵常见故障及处理方法

故障现象	原因分析	处理方法
真空度低	(1)由于酸碱腐蚀或异物堵塞孔板 (2)工作水温升高,直接影响泵真空度的提高 (3)离心水泵轴封处泄漏,压力降低,流量减小	(1)消除异物,调整工作水流 (2)加凉水,降低水温 (3)修复离心水泵,使水压及水流量正常
气液分离器回水 (倒液)	(1)水泵压力低,水流量封不住文氏管喉径 (2)孔板装配位置不对 (3)停泵前气液分离器底阀没放开 (4)法兰密封垫位置不正,阻碍工作水流量	(1)检修水泵叶轮、孔板、文氏管,严重腐蚀者更换 (2)按图装配,三孔直线对吸气口 (3)停泵前先放开底阀 (4)调整密封垫位置
电动机消耗功率 过高	(1)填料压盖螺栓过紧,填料函发热 (2)叶轮磨损 (3)孔板或水泵出入口堵塞 (4)水泵与电动机轴不同心	(1)调整填料松紧度 (2)更换叶轮 (3)消除异物 (4)调整同轴度

三、实训操作步骤

1. 开车前的准备

① 对于长时间停车或新安装的泵，应先拆开各段喷射室前的法兰加上挡板，并送气吹净管道内杂物，然后紧固各法兰。
② 检查各处密封是否有松动和泄漏。
③ 检查各压力表、真空表、温度表是否齐全和灵敏。
④ 检查各段排水管至水封箱有无泄漏，水封箱内有无杂物。
⑤ 要用手盘车3~4周，检查离心清水泵的运转是否灵活，水罐中是否加够水。
⑥ 关闭吸气阀门。

2．开车

① 关闭气液分离器入口阀门。
② 启动水泵。
③ 检查真空表和压力表的数值指示正常后，再打开气液分离器入口阀门，投入运行。
④ 水温要在25℃以下，经常用新水补充水罐中的水。

3．停车

① 首先关闭吸气口阀门。
② 打开气液分离器底阀后，再停止电动机运转，否则会产生水的倒入。
③ 关闭补充水管阀门。
④ 长期或冬季停车，要放掉水罐中的水和积物。

任务三　反应釜的构造及操作

一、实训任务

① 了解间歇反应釜的基本构造和工作原理。
② 进行实际操作，利用反应釜配制溶液。
③ 进行实际操作，利用反应釜操作常规反应。
④ 熟悉反应釜日常检查、维护保养。

二、实训知识准备

1. 反应釜的构造及原理

反应釜由锅体、锅盖、搅拌器、加热夹套、支承及传动装置、轴封装置等组成。锅体与锅盖由法兰密封连接，锅体下部有放料孔，锅内有搅拌器，锅盖上开进料、搅拌观察、测温测压、蒸汽引出分馏、安全放空等工艺管孔。锅盖上部焊接在支架上，装有减速机与电机，由传动轴驱动锅内搅拌器，轴封装置在锅盖顶部。加热夹套上开有进、排油（汽）和放空蒸汽阀门、电热棒等接管孔，如图3-11所示。

因生产工艺、操作条件不尽相同，对锅盖工艺开孔、搅拌型式（有桨式、锚式、框式、螺旋式等）、支承型式（悬挂式或支座式）以及填料密封装置等也不尽相同。

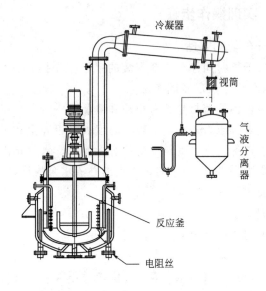

图 3-11 反应釜及其工艺流程

2. 日常检查维护保养

① 听减速机和电机声音是否正常，测减速机、电机、机座轴承等各部位的开车温度情况：一般温度≤40℃、最高温度≤60℃。

② 经常检查减速机有无漏油现象，轴封是否完好，看油泵是否上油，检查减速箱内油位和油质变化情况，反应釜用机封油盒内是否缺油，必要时补加或更新相应的机油。

③ 检查安全阀、防爆膜、压力表、温度计等安全装置是否准确灵敏好用，安全阀、压力表是否已校验并铅封完好，压力表的红线是否划正确，防爆膜是否内漏。

④ 经常倾听反应釜内有无异常的振动和响声。

⑤ 保持搅拌轴清洁见光，对圆螺母连接的轴，检查搅拌轴转动方向是否按顺时针方向旋转，严禁反转。

⑥ 定期进锅内检查搅拌、蛇管等锅内附件情况，并紧固松动螺栓，必要时更换有关零部件。

⑦ 检查反应釜所有进出口阀是否完好可用，若有问题必须及时处理。

⑧ 检查反应釜的法兰和机座等有无螺栓松动，安全护罩是否完好可靠。

⑨ 检查反应釜本体有无裂纹、变形、鼓包、穿孔、腐蚀、泄漏等现象，保温、油漆等是不是完整，有无脱落、烧焦情况。

⑩ 做好设备卫生，保证无油污、设备见本色。

此外，使用反应釜必须关闭冷源进管阀门，再输入物料，开动搅拌器，然后开启蒸汽阀门或电热电源，到达所需温度后，应先关闭蒸汽阀门和电热电源，过 2～3min 后，再关搅拌器，加工结束后，放尽锅内和夹套剩余冷凝水后，应尽快用温水冲洗，刷掉黏糊着的物料，然后用 40～50℃碱水在容器内壁全面清洗，并用清水冲洗，特别是锅内无物料（吸热介质）即空锅情况下，不得开启蒸汽阀门和电热电源。

保养反应釜要经常注意整台设备和减速器的工作情况，减速器润滑油不足应立即补充，电加热介质油每半年要进行更换，对夹套和锅盖等部位的安全阀、压力表、温度表、蒸馏孔、电热棒、电器仪表等要定期检查，如果有故障要及时调换或修理，设备不用时，一定用温水在容器内外壁全面清洗，经常擦洗锅体，保持外表清洁和内胆光亮，达到耐用的目的。

三、实训操作步骤

1. 开车前的准备

① 准备必要的开车工具，如扳手、管钳等。

② 确保减速机、机座轴承、反应釜用机封油盒内不缺油。

③ 确认传动部分完好后，点动电机，检查搅拌轴是否按顺时针方向旋转，严禁反转。

④ 用氮气（压缩空气）试漏，检查釜上进出口阀门是否内漏，相关动、静密封点是否有漏点，并用直接放空阀泄压，看压力能否很快泄完。

2. 开车时的要求

① 按工艺操作规程进料，启动搅拌运行。

② 反应釜在运行中要严格执行工艺操作规程，严禁超温、超压、超负荷运行；凡出现超温、超压、超负荷等异常情况，立即按工艺规定采取相应处理措施。禁止向釜内投料超过规定的液位。

③ 严格按工艺规定的物料配比加（投）料，并均衡控制加料和升温速率，防止因配比错误或加（投）料过快，引起釜内剧烈反应，出现超温、超压、超负荷等异常情况，而引发设备安全事故。

④ 设备升温或降温时，操作动作一定要平稳，以避免温差应力和压力应力突然叠加，使设备产生变形或受损。

⑤ 严格执行交接班管理制度，把设备运行与完好情况列入交接班，杜绝因交接班不清而出现异常情况和设备事故。

3. 停车时的要求

按工艺操作规程处理完反应釜物料后停搅拌，并检查、清洗或吹扫相关管线与设备，按工艺操作规程确认合格后，准备下一次的操作。

任务四　离心机的操作

一、实训任务

① 了解三足式离心机的基本构造和工作原理。

② 进行实际操作，熟悉三足式离心机的操作方法。

③ 熟悉三足式离心机常见故障及处理方法。

二、实训知识准备

离心机是利用离心力分离液-固系统的机械。在离心力场中，悬浮液中的固体和液体由于本身质量不同而产生的离心力各不相同，因而得以分离。

离心机按操作过程可以分为间歇式和连续式；按卸料方式可分为刮刀卸料式、活塞推料式、螺旋推料式、离心推料式和振动卸料式等；按工艺用途可分为过滤离心机、沉降离心机和离心分离机。

三足式离心机是过滤离心机中应用最广泛、适应性最好的一种设备，可用于分离的固体范围从 $10\mu m$ 的小颗粒至数毫米的大颗粒，甚至纤维状或成件的物料。三足式离心机可分为上部卸料和下部卸料两大类，其中人工上部卸料三足式离心机结构简单、维修方便、价格低廉。

1. 三足式离心机的结构和工作原理

上部卸料三足式离心机的结构如图 3-12 所示。包括转鼓 10、主轴 17、轴承座 16、V 带轮 2、电动机 1、外壳 15 和底盘 6 的整个系统用三根摆杆 9 悬吊在三个支座 7 的球面座上，摆杆上装有缓冲弹簧 8，摆杆两端分别以球面与支座和底盘相连接。轴短而粗，鼓底向上凸出，使转鼓重心靠近上轴承，这不仅使整机高度降低以利操作，而且使转轴回转系统的临界转速远高于离心机的工作转速，减少振动，并由于支撑摆杆的挠性较大，整个悬吊系统的固有频率远低于转鼓的转动频率，增大了减振效果。操作时，在转鼓中加入待过滤的悬浮液，在离心力的作用下，滤液透过滤布和转鼓上的小孔进入外壳，然后再引至出口，固体则被截留在滤布上成为滤饼。待过滤了一定量的悬浮液，滤饼已积到一定厚度后，就停止加料。如需要洗涤滤饼或干燥滤饼，则应使转鼓再继续转动，待洗涤或干燥完毕后再停车。

这种离心机具有结构简单、操作平稳、占地面积小等优点，适用于过滤周期较长，处理量不大，滤渣要求含液量较低的生产过程，过滤时间可根据滤渣湿含量的要求灵活控制，所以广泛用于小批量、多品种物料的分离。但由于这种离心机需从上部人工卸除滤饼，劳动强度大。该离心机的转动结构和轴承等都在机身下部，操作检修均不方便，且易因液体漏入轴承而使其受到腐蚀。

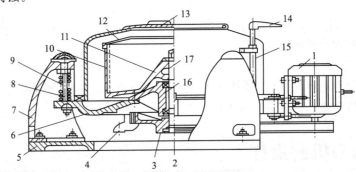

图 3-12　上部卸料三足式离心机结构

1—电动机；2—V 带轮；3—制动轮；4—滤液出口；5—机座；6—底盘；7—支座；
8—缓冲弹簧；9—摆杆；10—转鼓；11—转鼓底；12—拦液板；13—机盖；
14—制动手柄；15—外壳；16—轴承座；17—主轴

2. 操作参数的确定

(1) 滤布、衬网的种类和规格

根据悬浮液的腐蚀性确定滤布（或滤网）和衬网的材质；综合考虑滤渣含湿量、滤液含固量、离心机处理量的工艺要求以及滤渣的粒度，来确定滤布（网）的规格，即滤布的纱支号数或滤网的目数。将滤布铺设在网格较大的衬网上可增大滤液的通过面积，改善脱水干燥效果。

(2) 加料方式

对于悬浮液一般在离心机正常运转后，以是否在转鼓内布料均匀、振动小来评价加料方式。加料发生严重振动时，可考虑瞬时启动离心机后立即切断电源，在转鼓转速较低的情况下加入悬浮液，或者像成件物品那样，在转鼓静止时将物料在转鼓内分布均匀后，先人工盘动转鼓再启动离心机进行分离。

(3) 加料量

应严格遵循"加料不允许超过装料限重"的原则。由于物料性质的影响，有时加料量大并不意味着离心机处理能力也大，例如某些细黏物料，若在转鼓内滤渣层太厚，为了达到预期的含湿量，必须增加甩干的时间，造成离心机单位时间的处理能力反而会下降，因此应综合考虑来确定合理的加料量。

(4) 分离（或甩干）的时间

应根据物料性质通过实验来确定，分离（或甩干）时间长并不意味滤渣含湿量就低，例如延长某些细、黏物料的分离（或甩干）时间，滤渣含湿量的降低并不明显，此时若采取加衬网、减少滤渣层厚度等措施，可能更有效。

(5) 洗涤液

洗涤液的种类、加入方式、加入量和洗涤时间，应根据物料性质和洗涤效果来确定。

3. 故障及处理方法

离心机的常见故障及处理方法见表 3-8。

表 3-8 离心机常见故障及处理方法

故障现象	原因分析	排除方法
离心机强振动	(1) 布料不均匀 (2) 滤布局部破损漏料 (3) 鼓壁部分滤孔堵塞 (4) 出液口堵塞,底盘内积液 (5) 主轴螺母松动 (6) 缓冲弹簧断裂 (7) 安装不水平或柱脚连接螺钉松动 (8) 转鼓变形 (9) 制动环摩擦片单边摩擦转鼓底	(1) 根据物料性质采用合理的加料方式,尽量使转鼓内物料分布均匀 (2) 更换滤布 (3) 卸下机壳,清除转鼓壁内外的沉淀物 (4) 卸下机壳和出管液,清除管和底盘内的沉淀物 (5) 拧紧螺母 (6) 更换缓冲弹簧 (7) 调校机座使三柱脚水平;调校球面垫圈座和垫圈使底盘水平 (8) 拧紧连接螺钉整形 (9) 更换或修整摩擦片,调校制动环
异常响声	(1) 转鼓、外壳内有异物,转动件碰擦 (2) 各传动部位连接松动 (3) 轴承过渡磨损或已损坏,润滑脂实效 (4) 三角带伸长或磨损	(1) 清除异物,正确安装转动件 (2) 拧紧各部位的紧固件,尤其是轴承座与底盘连接螺钉和放松垫圈 (3) 更换轴承,清洗轴承座内腔,更换润滑油 (4) 调整电机底板上的调节螺栓,张紧三角带或更换三角带
跑料过多或滤渣含量液过大	(1) 加料液过大造成拦液板翻液 (2) 滤布(网)选用不当 (3) 滤布(网)堵塞,滤布与鼓壁贴合不好或局部已破损	(1) 按工作容积加料 (2) 测量固相粒度,通过实验选用合适滤布(网) (3) 重新铺妥滤布(网)或更换滤布(网)

续表

故障现象	原因分析	排除方法
离合器和电动机温度过高	(1)每小时循环次数大于5次,电动机启动频繁 (2)离心机启动时间大于60s	(1)调整工序时间,尽量使每小时循环次数控制在5次以内,减少无谓的开、停车 (2)拆下离心器的离心块,修磨擦面,使贴合面大于70%;加重离心块的质量,但各离心块应等重,允许小于5g,更换已磨损的摩擦表面片,不允许铆钉和皮带轮碰擦;清除摩擦面的油渍和污物,减少加料量
制动失灵	(1)扁头轴因腐蚀而卡死 (2)扁头轴、摩擦带已磨损	(1)拆下扁头轴清除锈渍,涂润滑脂 (2)拆换扁头轴或摩擦带

三、实训操作步骤

离心机安装完毕后,应依次进行运转前检查、空动转实验和负荷试验,达到相应要求后才可投入生产运行。

1. 开车前检查准备

① 各零部件安装是否正确,紧固件不得松动,制动装置是否灵敏可靠,检查机内外有无异物,滤液出口是否通畅。

② 瞬时启动电动机,试空车3~5min,检查转动是否均匀正常,转鼓转动方向是否正确,转动的声音有无异常,不能有冲击声和摩擦声。

③ 检查确无问题,将洗净备用的滤布均匀铺在转鼓内壁上。

2. 开车

① 物料要放置均匀,不能超过额定体积和质量。

② 启动前盘车,检查制动装置是否拉开。

③ 接通电源启动,要站在侧面,不要面对离心机。

3. 正常运行操作要点

① 注意转动是否正常,有无杂音和振动,保持滤液出口畅通。

② 严禁用手接触外壳或脚踏外壳,机壳上不得放置任何杂物。

③ 当滤液停止排出3~5min后,可进行洗涤。洗涤时,加洗涤水要缓慢均匀,取出滤液经分析合格后方可停止洗涤。待洗涤水出口停止排液3~5min后方可停机。

4. 停车

① 停机,先切断电源,待转鼓减速后再使用制动装置,经多次制动,到转鼓转动缓慢时,再拉紧制动装置,完全停车,使用制动装置时不可面对离心机。

② 完全停车后,方可卸料,卸料时注意保护滤布。

③ 卸料后,将机内外检查、清理,准备进行下一次操作。

5. 离心机设备维护要点

① 运转时主要检查有无杂音和振动,轴承温度是否低于65℃,电动机温度是否低于90℃,密封状况是否良好,地脚螺钉有无松动。

② 严格执行润滑规定,经常检查油箱、油位、油质,检查润滑是否正常,是否按"三

过滤"的要求注油。

③ 定期洗鼓。转鼓要按时清洗，清洗时先停止进料，打开冲洗水阀门，至将整个转鼓洗净；不要停机冲洗，以免水漏进轴承内。

任务五　板框压滤机的操作

一、实训任务

① 了解板框压滤机的基本构造和工作原理。
② 进行实际操作，熟悉板框压滤机的操作方法。
③ 熟悉板框压滤机常见故障及处理方法。

二、实训知识准备

板框压滤机是历史最久、目前仍然最普遍使用的一种过滤机，它是由许多块顺序排列的滤板与滤框交替排列组合而成的。

1. 板框压滤机的结构

板框压滤机的结构如图 3-13 所示。滤板与滤框靠支耳架在一对横梁上，并用一端的压紧装置将它们压紧。滤板和滤框多做成正方形。滤板和滤框的角上均开有小孔，组合后即构成供滤浆和水流通的孔道。滤框的两侧覆以滤布，围成容纳滤浆及滤饼的空间，滤布的角上也开有与滤板、滤框相对应的孔。滤板的作用有两个：一是支撑滤布；二是提供滤液流出的通道。为此板面制出凸凹纹路，凸出部分起支撑滤布的作用，凹处形成的沟为滤液流道。滤板又分为洗涤板和非洗涤板两种，其结构与作用有所不同，为了组装时易于识别，在滤板和滤框外侧铸有小钮或其他标志（图 3-14），图 3-14 中滤板中的非洗涤板为一钮，洗涤板为三钮，而滤框则是二钮，滤板与滤框装合时，按钮数以 1-2-3-2-1-2…的顺序排列。

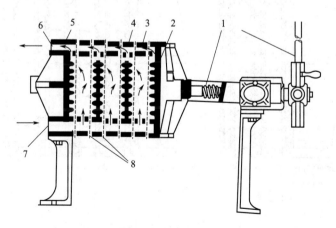

图 3-13　板框压滤机
1—压紧装置；2—可动头；3—滤框；4—滤板；5—固定头；
6—滤液出口；7—滤浆出口；8—滤布

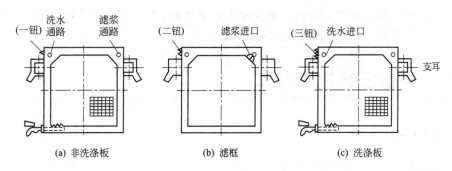

图 3-14 滤板和滤框

板框压滤机为间歇操作，每个操作循环由装合、过滤、洗涤、卸饼、清理 5 个阶段组成。板框装合完毕，开始过滤，悬浮液在指定压强下经滤浆通路由滤框角上的孔道并行进入各个滤框 [图 3-15(a)]，滤液分别穿过滤框两侧的滤布，沿滤板板面的沟道至滤液出口排出。颗粒被滤布截留而沉积在滤布上，待滤饼充满全框后，停止过滤。当工艺要求对滤饼进行洗涤时，先将洗涤板上的滤液出口关闭，洗涤水经洗水通路从洗涤板角上的孔道并行进入各个洗涤板的两侧 [图 3-15(b)]。洗涤水在压差的推动下先穿过一层滤布及整个框厚的滤饼，然后再穿过一层滤布，最后沿滤板（一钮滤板）板面沟道至滤液出口排出。这种洗涤方法称为横穿洗涤法，它的特点是洗涤水穿过的途径正好是过滤终了时滤液穿过途径的 2 倍。

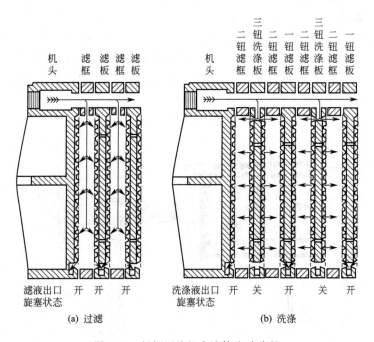

图 3-15 板框压滤机内液体流动路径

洗涤结束后，旋开压紧装置，将板框拉开卸出滤饼，然后清洗滤布，整理板框，重新装合，进行下一个循环。

板框压滤机的滤板和滤框可用铸铁、碳钢、不锈钢、铝、塑料、木材等制造。中国制定的板框压滤机系列规格为：框的厚度为 25～50mm，框每边长 320～1000mm，框数可从几个到 60 个，随生产能力而定。板框压滤机的操作压强一般为 0.3～0.5MPa，最高可达 1.5MPa。

板框压滤机的优点是结构简单，制造容易，设备紧凑，过滤面积大而占地小，操作压强高。滤饼含水少，对各种物料的适应能力强。它的缺点是需间歇手工操作，劳动强度大，生产效率低。

2. 故障及处理方法

板框压滤机常见故障及处理方法见表 3-9。

表 3-9 板框压滤机常见故障及处理方法

故障现象	原因分析	处理方法
局部泄漏	(1)滤框有裂纹或穿孔缺陷,滤框和滤板边缘磨损 (2)滤布未铺好或破损 (3)物料内有障碍物	(1)更换新滤框和滤板 (2)重新铺平或更换新滤布 (3)清除干净
压紧程度不够	(1)滤框不合格 (2)滤框、滤板和传动件之间有障碍物	(1)更换合格滤框 (2)清除障碍物
滤液浑浊	滤布破损	检查滤布,如有破损,及时更换
顶杠弯曲	(1)顶紧中心偏斜 (2)导向架装配不正 (3)顶紧力过大	(1)更换顶杠或调正 (2)调整校正 (3)适当降低压力

三、实训操作步骤

1. 开车前的准备工作

① 检查准备。将滤框、滤板用清水冲洗干净，洗净滤布，检查设备各零部件是否完好，在滤框两侧先铺好滤布，将滤布上的孔对准滤框角上的进料孔，滤布如有折叠，操作时容易产生泄漏。

② 装合。按规定顺序安装滤板和滤框，铺好滤布，注意保持平整，切勿折叠。进料孔必须在一条直线上，滤布不能挡住进料口。压紧活动端扳手轮，使所有滤板、滤框、滤布相互接触，松紧程度以不跑料液为准。

③ 将待分离的滤浆放入储浆罐内（或储存在反应釜内），开动搅拌器以免滤浆产生沉淀。在滤液排出口准备好滤液接收器。

④ 检查滤浆进口阀及洗涤水进口阀是否关闭。

2. 过滤操作

① 循环调整。将滤浆用泵打入压滤机，循环流动，在出口取样，测滤液的澄清度。到澄清度符合规定指标，停止循环，开始压滤。

② 开启过滤压力调节阀，注意观察过滤压力表读数，过滤压力达到规定数值后，调节维持过滤压力的稳定。

③ 开启滤液储槽出口阀，接着开启过滤机滤浆进口阀，将滤浆送入压滤机，过滤开始。

④ 观察滤液，若滤液为清液时，表明过滤正常。发现滤液有浑浊或带有滤渣，说明过滤过程中出现问题，应停止过滤，检查滤布及安装情况，滤板、滤框是否变形，有无裂纹，管路有无泄漏等。如有破损，立即更换。

⑤ 当出口处滤液量变得很小时，待所有板框布腔内充满滤饼时，过滤阻力增大使过滤速率减慢，这时可以关闭滤浆进口阀，停止进料，并缓慢转动压紧活动端扳手轮，进行加压过滤。

⑥ 洗涤。开启洗涤水出口阀，再开启过滤机洗涤水进口阀向过滤机内送入洗涤水，在相同压力下洗涤滤渣，直至洗涤符合要求。

3. 停车

关闭过滤压力表前的调节阀及洗涤水进口阀，松开活动机头上的螺旋，将滤板、滤框拉开，卸出滤饼，并将滤板和滤框清洗干净，以备下一循环使用。

4. 板框压滤机的维护

① 压滤机停止使用时，应冲洗干净，转动结构应保持整洁，无油污、油垢。
② 滤布每次清洗时应清洗干净，避免滤渣堵塞滤孔。
③ 电器开关应防潮保护。

任务六　旋转闪蒸干燥机的操作

一、实训任务

① 了解旋转闪蒸干燥机的基本构造和工作原理。
② 进行实际操作，将滤饼状湿物料干燥成粉末。
③ 进行实际操作，熟悉气固分离设备（旋风分离器、脉冲袋式除尘器）的原理。
④ 熟悉旋转闪蒸干燥机常见故障的诊断与排除。

二、实训知识准备

1. 工作原理

热风从干燥机底部的旋流器沿切线方向进入干燥机内，并产生高速回旋的上升气流；待干燥的物料由加料器输送至干燥室内，并在高速回旋气流和底部搅拌器的共同作用下，团块状物料被不断破碎、分散、沸腾和干燥。干燥合格的物料被气流从干燥机上部出口带出，经捕集后得到干燥成品；颗粒太大或湿度较高的物料被设置在干燥室上部的分级堰板阻拦，而在干燥室内继续得到进一步干燥，直至被气流带出。

2. 应用范围及主要特点

旋转闪蒸干燥机适用范围广，既可干燥黏结性的膏糊状物料，也可干燥非黏结性物料，尤其适用于板框压滤机过滤后的滤饼状物料。旋转闪蒸干燥广泛适用于化工、医药、食品、建材、电子等行业，是滤饼状、膏糊状、泥浆状、粉粒状和一些热敏性物料的常用干燥方法，其干燥对象主要有白炭黑、陶土、溴氨酸、染料、颜料、钛白粉、淀粉等。

主要特点有以下几点。

① 集物料的破碎、分散、沸腾干燥、气流干燥、分级过程为一体，能连续操作、一机

多能，工艺流程简短。

② 该机适用范围广，既可干燥黏结性的膏糊状物料，也可干燥非黏结性物料。并根据物料性质配置不同特性的加料结构，确保干燥过程连续、稳定、可靠。

③ 物料在干燥室内停留时间短且可自动调节其停留时间，适用于热敏性物料的干燥。

④ 设备体积小，干燥强度大，结构简单、可靠，操作、维护方便。

⑤ 由于物料受到离心、剪切、碰撞、摩擦而被微粒化，呈高度分散状态及固气两相间的相对速度较大，强化了传质、传热，使该机生产强度高。

⑥ 干燥气体进入干燥机底部，产生强烈的旋转气流，对器壁上物料产生强烈的冲刷带出作用，消除粘壁现象。

⑦ 干燥室上部加装陶析环及旋流片，可以控制出口物料的粒度及湿度，以达到不同物料的最终水分、粒度的要求。

3. XSZ-2 旋转闪蒸干燥机的主要技术参数及流程

XSZ-2 旋转闪蒸干燥机的主要技术参数见表 3-10，其工艺流程见图 3-16。

表 3-10　XSZ-2 旋转闪蒸干燥机的主要技术参数

序号	项目	单位	基本参数值
1	设备型号		XSZ-2
2	设计水分蒸发量	kg/h	15～20
3	进风温度	℃	300～350
4	出风温度	℃	100
5	干燥室尺寸	mm	ϕ250
6	加热方式	kW	电加热
7	装机总功率	kW	60
8	设备总质量	t	2

该机将含湿的浆状、膏状、滤饼状等物料由搅拌器螺旋输送器连续输送到干燥室，加热空气以切线方向进入干燥室，并以高速旋转气流由塔底向上流动与物料充分接触，对物料产生强烈的剪切、吹浮、旋转作用，使物料处于稳定的平衡流化状态。在机械运动和热风气流的复合作用下，物料受到离心、剪切、碰撞、摩擦而被破碎，分散的颗粒所含水分被不断快速蒸发，蒸发后的物料在干燥室内受旋转气流作用呈螺旋转动向上运动，在上升过程中进一步被干燥。颗粒较大或质量较大的含湿物料在离心作用下甩向周壁，并沿周壁回落到底部重新参与上述过程，较小的粉状物料则与气流一同进入旋风分离器和布袋捕集器两级回收，从而得到粉粒状干燥制品，完成整个干燥过程，如图 3-16 所示。

4. XSZ-2 旋转闪蒸设备的使用

(1) 设备的保养与维护

① 经常保持电机周围干燥，防止电机受潮而烧坏。

② 经常检查和清理电控柜内的粉尘情况，保持各仪表和元器件处于完好状态。

③ 检查各机器的轴承有无异常的发热现象及异常的振动和噪声。检查各润滑部位的油

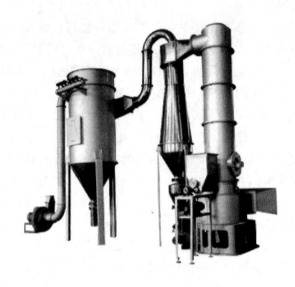

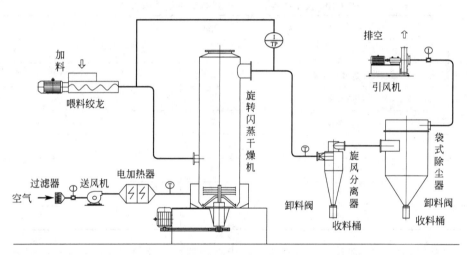

图 3-16　旋转闪蒸干燥的设备及工艺流程

位是否正常。

④ 检查主机底部的循环油泵是否工作正常，油质是否合格，发现循环油变脏、变稀、起泡沫时应及时更换。

⑤ 检查袋式除尘器的脉冲电磁阀是否工作正常，必要时应将布袋拿出来进行人工清灰，以保持排风畅通。

⑥ 检查干燥机下搅拌轴承支座连接的固定螺丝和三角皮带是否正常，如有异常情况应及时涨紧或更换。

⑦ 检查螺旋加料器的齿轮润滑和轴承支座及减速机的固定螺丝是否正常，有异常情况应修理或更换。

⑧ 对设备停用时间较长或必要时，应对各电器元件的绝缘电阻进行检测，如果绝缘电阻下降，应进行干燥处理或调换。

(2) 常见故障的诊断与排除

常见故障的诊断与处理方法见表 3-11。

表 3-11　旋转闪蒸干燥机常见故障及处理方法

故障现象	原因分析	处理方法
成品含水率偏高	(1)进风温度偏低 (2)分级器偏大 (3)进料量太快	(1)调节进风温度 (2)调节分级器 (3)减小进料量
主机振动噪声异常	(1)粘壁 (2)进料太快 (3)搅拌速率太高	(1)调节刮板,清理 (2)降低进料量 (3)降低搅拌速率
产量降低	(1)风量降低 (2)搅拌区堵塞 (3)进风温度偏低 (4)滤饼含水量偏高	(1)清理布袋,检查管道是否堵塞,调节风门开度 (2)清理搅拌区 (3)提高进风温度 (4)降低滤饼的含水量

三、实训操作步骤

1. 开机前的准备工作

① 全部设备安装完毕后，必须作全面的检查，并对设备的内外进行再次清洗。
② 检查管路上的阀门开启状态，接头的密封情况，法兰的连接是否紧固。
③ 检查减速机和风机的油位。
④ 对各个部件逐个进行试运转，并检查其旋转方向。
⑤ 检查热源、水源、电源、测温、电器仪表是否连接正确。

2. 设备的启动和运转

① 接通电源，依次启动送风机、引风机、电加热、控温、搅拌、加料器、除尘器等设备。
② 检查各个电器仪表是否工作正常。
③ 检查各机器的轴承有无异常的发热现象及异常的振动和噪声。
④ 各零部件调试完毕并确认处于正常状态后，当出风温度超过100℃后即可开始加水试验。记录耗电情况，进、排风温度，测量水分蒸发量。
⑤ 通过加水试验，并确认各系统能稳定运行后，再用物料作运转试验。如果物料干燥情况良好，被干燥物料的剩余水分含量能达到成品要求则开始正常使用。
⑥ 确定最佳工艺，经过一段时期的运行，根据已收集的各项数据确定最佳工艺参数。

任务七　SX$_2$系列箱式电阻炉的操作

一、实训任务

① 了解箱式电阻炉的基本构造和工作原理。

② 进行实际操作,将碱式碳酸锌煅烧成活性氧化锌。
③ 进行实际操作,熟悉热处理工艺、了解温度控制仪表的自控原理。
④ 熟悉箱式电阻炉常见故障的诊断与排除。

二、实训知识准备

1. 设备结构

SX_2 系列箱式电阻炉(马弗炉)由炉壳、炉膛、保温层、炉门及热电偶等部分组成。炉壳用薄钢板经折边焊接而成,炉膛由耐火材料制成的箱形整体炉衬构成。加热元件——1200℃电阻炉用 0Cr27Al7Mo2,1000℃电阻炉用 0Cr25Al5 铁铬铝合金丝绕制成螺旋形后穿于炉衬上、下、左、右内的丝槽中。丝槽与炉膛连通,使加热元件直接向炉膛辐射热量。这种敞开式炉膛能有效地加快炉膛升温速率,提高温度控制精度,电炉的炉衬与炉壳之间砌筑黏土泡沫砖、硅藻土砖、硅酸铝纤维等作保温层。

电炉炉门通过多级铰链的长臂固定在电炉面板上,炉门转动灵活。关闭时,压下手把,扣住门钩,炉门就能紧贴于炉口上。开启时,只需往上稍提手把,脱钩后,将炉门置于左侧即可。

测温用的热电偶通过开在炉顶或炉后的热电偶孔插入,并由固定座固定。

SX_2 系列电阻炉配有 KSY 型温度控制器及镍铬-镍硅热电偶,能对炉膛温度进行测量、指示和自动控制。

2. 主要技术参数

SX_2 系列箱式电阻炉的主要技术参数见表3-12。

表3-12 SX_2 系列箱式电阻炉的主要技术参数

电炉型号	额定功率/kW	额定电压/V	相数	额定温度/℃	空炉升温时间/min	空炉损耗功率/kW	炉膛尺寸 长×宽×高/mm	质量/kg
SX_2-12-10	12	380	3	1000	≤80	≤2.3	200×120×80	100

3. 维护与注意事项

为了保证电炉及温度控制柜能长期可靠地工作,必须定期检查下列项目。
① 各处接线头是否接线良好,各处螺丝钉有无松动、锈蚀现象。
② 用电位差计校对温度控制仪表的控温精度,判断误差是否增大。
③ 检查温度控制柜所处位置的环境温度是否超过40℃,如超过了40℃,须改善环境散热条件。
④ 本设备工作环境内不应有导电尘埃、易燃易爆气体以及能破坏电子元件和电器绝缘的腐蚀性气体。
⑤ 没有明显的振动或颠簸。
⑥ 使用地区平均相对湿度不大于85%,平均温度应高于15℃。
⑦ 其他各项,请参照仪表说明书。

4. 故障及排除

马弗炉常见故障及处理方法见表3-13。

表 3-13 马弗炉常见故障及处理方法

故障	原因	处理方法
打开电源开关即烧保险或烧电阻丝	机芯或负载线路短路	查清原因排除短路
开机后温度表出现负数	热电偶"＋""－"极接反	对换"＋""－"极
通电后电炉升温,而仪表度数显示最高度数	热电偶断路	查明热电偶断路点,将线接好
通电后电炉无炉温	熔断器断;电阻丝断	更换熔断芯;更换电阻丝
炉温达到设定温度时不断电而温度继续升高	TCW-32 智能化温控仪表失控;可控硅击穿	修理或更换新表

三、实训操作步骤

1. 马弗炉的使用方法

① SX_2 系列电阻炉应安放在平整的台面上,注意配套的温度控制器与电炉的距离应在 1.5m 以上,以防炉温对仪表电子元件的影响。

② 将热电偶从电炉后壁的热电偶座中插入炉膛,并用石棉绳填塞热电偶与热电偶座之间的间隙,以防跑温。然后用铜-康铜补偿导线将热电偶"＋""－"极连接,注意极性不可接反。

③ 打开后壁下方的接线盒罩,用橡胶绝缘软铜线(截面 $S \geqslant 2.5mm^2$)与控温仪相应处连接,地脚螺丝安装在电炉脚上,接上地线,然后盖上接线盒罩。

④ 用兆欧表检查对地绝缘电阻应不小于 $0.5M\Omega/500V$。

⑤ 电炉在第一次使用或久置未用再使用时,应按下列步骤烘炉,以排除水分。

A 炉温保持室温~200℃　　保温 2h　　打开炉门与顶盖
B 炉温保持 200~400℃　　保温 3h　　打开炉门与顶盖
C 炉温保持 400~600℃　　保温 3h　　关闭炉门及顶盖
D 炉温保持 600~800℃　　保温 4h　　关闭炉门及顶盖

⑥ 停炉时,不要打开炉门急冷,以防炉膛炸裂。

⑦ 受加热物件应不能产生腐蚀性气体,否则炉膛和电阻丝会很快损坏。

2. 温度控制器的操作

(1) 启动

按下控制柜面板上的启动按钮,TCW-32A 智能化温控仪器面板的上窗口显示室温或炉温,下窗口显示设定温度。

(2) 参数设置

按下 SEL 选择键,仪表进入一级菜单,仪表上窗口显示实际温度值,下窗口显示设定温度值。再按"△"增量键和"▽"减量键,设定工艺所需温度,再继续每按一下 SEL 键分别显示偏差报警、功率输出值和限幅功率设定值,后配合"△、▽"键设置数据。

按住 SEL 选择键 10s 左右松开,仪表进入二级菜单。仪表上窗口显示手动调节输出功率,下窗口显示设定值,然后每按一下 SEL 键分别显示其他参数,后配合"△、▽"增减键可设定或修改各参数。设定后按住 SEL 选择键 10s 松开,返回到一级菜单。(详见 TC-32A 系列智能化温控仪的说明书和参数参考附表)

(3) 运行

按下 TCW-32A 智能化温控仪面板上的 RUN 运行键,RUN 运行键上红色指示灯亮,电炉开始工作,此时三相电流表显示其工作电流。

(4) 停止

先间断按 SEL 选择键,直到窗口显示手动调节输出功率后按住"▽"减量键,直至三相电流表无显示,再按一下 RUN 运行键,此时,RUN 运行键红色指示灯灭,最后按下控制面板上的停止按钮,电炉停止工作。

3. 具体操作规程

(1) 样品烧结

① 断开电闸,打开炉门,按一定顺序放入烧结样品。

② 当烧结样品数量(小坩埚)不大于 3 个时,坩埚应并排放在马弗炉热电偶顶端的正下方;当坩埚数大于 3 个时,坩埚应分多排,并注意平均分配地摆放在马弗炉热电偶顶端的正下方。

③ 关上炉门,合上电闸。

④ 调节温控仪参数。

⑤ 按 RUN 运行所设定程序。

⑥ 断开电闸,打开炉门,按一定顺序取出所烧结的样品。

(2) 温控仪参数设定

① 在非编程状态下,点击 PRG 键进入仪表程序曲线编程区,同时选择第 00 段的温度参数 T,并从此参数开始进行其他参数设置。

② 点击 SEL 键选择相应的编程参数,并依照烧结工艺曲线进行参数设定,其中的参数 P、U 不需要进行改动,只改变时间 t 和温度 T 值。以两个平台的烧结曲线为例设定烧结参数,如图 3-17 所示。

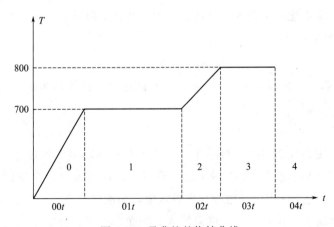

图 3-17 马弗炉的烧结曲线

00T：　初始温度；　　　　　　00t：第一次升温时间；
01T：　第一平台的初始温度；　　01t：第一平台恒温时间；
02T：　第一平台的结束温度；　　02t：第二次升温时间；
03T：　第二平台的初始温度；　　03t：第二平台恒温时间；
04T：　第二平台的结束温度；　　04t=000：结束程序，炉子将随炉冷却。

③ 参数设置完以后，控制面板回到00T界面，按PRG键，然后按RUN键开始运行。

模块四

仿真操作实训

项目一
离心泵性能曲线测定

一、实验原理

参考模块二的相关内容。

二、实验设备及流程

离心泵性能曲线测定的实验设备和流程见图 4-1。

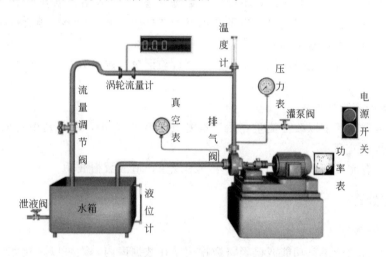

图 4-1　离心泵性能曲线测定的实验设备和流程图

设备参数如下。

泵的转速：2900r/min　　额定扬程：20m
电机效率：93%　　传动效率：100%
水温：25℃　　泵进口管内径：41mm
泵出口管内径：35.78mm　　两测压口之间的垂直距离：0.35m
涡轮流量计流量系数：75.78

三、实验操作

1. 灌泵

因为离心泵的安装高度在液面以上，所以在启动离心泵之前必须进行灌泵。打开灌泵阀，在压力表上单击鼠标左键，即可放大读数（右键点击复原）。当读数大于 0 时，说明泵壳内已经充满水，但由于泵壳上部还留有一小部分气体，所以需要放气。

调节排气阀开度大于 0，即可放出气体，气体排尽后，会有液体涌出。此时关闭排气阀和灌泵阀，灌泵工作完成。

2．开泵

灌泵完成后，打开泵的电源开关，启动离心泵。

注意：在启动离心泵时，主调节阀应关闭，如果主调节阀全开，会导致泵启动时功率过大，从而可能引发烧泵事故。

3．建立流动

启动离心泵后，调节主调节阀的开度为 100。

4．读取数据

等涡轮流量计的示数稳定后，即可读数。鼠标左键点击压力表、真空表和功率表，即可将其放大，以读取数据。

注意：务必要等到流量稳定时再读数，否则会引起数据不准。

5．记录数据

鼠标左键点击实验主画面左边菜单中的"数据处理"，可调出数据处理窗口，在原始数据页按项目分别将数据填入记录表，也可在用点击"打印数据记录表"键所打印的数据记录表中记录数据，两者形式基本相同，注意单位换算。

注意：如果使用自动记录功能，则当点击"自动记录"键时，数据会被自动写入，而不需手动填写。

6．记录多组数据

调节主调节阀的开度以改变流量，然后重复上述第 4~5 步，从大到小测 10 组数据。记录完毕后进入数据处理。

注意：当没有完成灌泵时启动泵会发生气缚现象，造成数据波动。

四、数据处理

1．记录原始数据

如果使用"自动记录"功能或已经将数据记录在数据库内，则可以跳过此步，如果是将数据记录在用点击"打印数据记录表"键所打印的数据记录表内，则将数据填入表格中。

2．数据计算

填好数据后，如果不采用"自动计算"功能，则可以在原始数据页找到计算所需的参数，如果要使用"自动计算"功能，在相应的计算结果页点击"自动计算"即可，数据即可自动计算并自动填入。

3．特性曲线绘制

计算完成后，在曲线页点击"开始绘制"即可根据数据自动绘制出曲线。

五、实验报告

① 点击数据处理窗口下面一排按钮中的"打印"按钮，即可调出实验报表窗口。

② 点击数据处理窗口下面一排按钮中的"保存"按钮，可保存原始数据到磁盘文件，并可点击"读入"按钮读入该数据文件。

项目二
流量计的认识和校验

一、实验原理

参考模块二的相关内容。

二、实验设备及流程

流量计的认识和校验的实验设备流程见图 4-2。

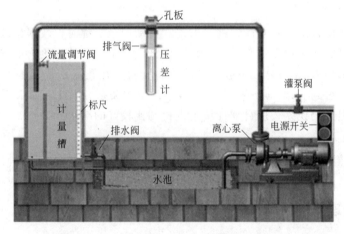

图 4-2　流量计的认识和校验的实验设备流程

设备参数如下。
计量桶面积：$1m^2$；
管道直径：30mm；
孔板开孔直径：20mm。

三、实验操作

1. 灌泵

因为离心泵的安装高度在液面以上，所以在启动离心泵之前必须进行灌泵。因为本实验的重点在流量计，而不是离心泵，所以对灌泵进行了简化，只要调节灌泵阀开度大于 0，等待 10s 以上，然后关闭，系统就会认为已经完成了灌泵操作。

2. 开泵

灌泵工作完成后，点击电源开关的绿色按钮接通电源，就可以启动离心泵，并开始工作。

3. 建立流动

启动离心泵后，调节主调节阀的开度为100，即可建立流动。

4. 读取数据

用鼠标左键点击标尺，即可调出标尺的读数画面，先记录下液面的初始高度。鼠标右键点击可关闭标尺画面。

然后用鼠标左键点击活动接头，即可把水流引向计量槽，可以看到液面开始上升，同时计时器会自动开始计时。

当液面上升到一定高度时，鼠标左键点击活动接头，将其转到泄液部分，同时计时器也会自动停止。此时记录下液面高度和计时器读数。

用鼠标左键点击压差计，用鼠标拖动滚动条，读取压差。

5. 记录数据

鼠标左键点击实验主画面左边菜单中的"数据处理"，可调出数据处理窗口，点击原始数据页，按标准数据库操作方法在正U形压差计和倒U形压差计两栏中分别填入从正U形压差计和倒U形压差计所读取的数据。也可在用点击"打印数据记录表"键所打印的数据记录表中记录数据。

注意：如果使用自动记录功能，则当点击"自动记录"键时，数据会被自动写入而不需手动填写。为了更好地表现孔流系数 C_0 在 R_e 比较小时随 R_e 的变化，把实验中的流量定得很低，以获得较小的 R_e。另外，一般流量计校验实验是在孔流系数几乎不变的范围内测定多次取平均值，以得到 C_0，而不采用 C_0 随 R_e 的变化关系。因此，如果用手动记录数据和计算，就会出现很大的误差，用自动计算可以得到比较好的结果。

6. 记录多组数据

调节主调节阀的开度以改变流量，然后重复上述第4~5步，为了实验精度和回归曲线的需要，至少要测10组数据。记录完毕后进入数据处理。

四、数据处理

1. 记录原始数据

如果使用"自动记录"功能或已经将数据记录在数据库内，则可以跳过此步，如果是将数据记录在用点击"打印数据记录表"键所打印的数据记录表内，请参阅数据记录将所有数据填入数据库。

2. 数据计算

如果要使用"自动计算"功能，在相应的计算结果页点击"自动计算"即可。数据即自动计算并自动填入数据库。

3. 曲线绘制

计算完成后，在曲线页点击"开始绘制"即可根据数据自动绘制出曲线。

项目三
流体阻力实验

一、实验原理

参考模块二的相关内容。

二、实验设备及流程

流体阻力测定实验设备和流程图见图 4-3。

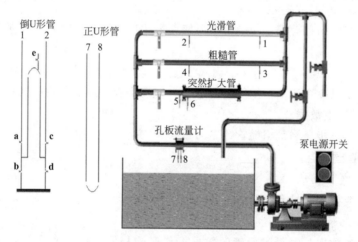

图 4-3 流体阻力测定实验设备和流程图

设备参数如下

光滑管：玻璃管，管内径 20mm，管长 1.5m，绝对粗糙度 0.002mm；

粗糙管：镀锌铁管，管内径 20mm，管长 1.5m，绝对粗糙度 0.2mm；

突然扩大管：细管内径 20mm，粗管内径 40mm；

孔板流量计：开孔直径 12mm，孔流系数 0.62。

三、实验操作

1. 开泵

因为离心泵的安装高度比水的液面低，因此不需要灌泵。直接点击电源开关的绿色按钮接通电源，就可以启动离心泵，开始实验。

2. 管道系统排气以及调节倒 U 形压差计

将管道中所有阀门都打开，使水在 3 个管路中流动一段时间，直到排尽管道中的空气，然后点击倒 U 形管,会出现一段调节倒 U 形管的动画。最后关闭各阀门,开始试验操作。

3. 测量光滑管数据

(1) 光滑管建立流动

启动离心泵并调节完倒 U 形压差计后,依次调节阀 1、阀 2、阀 3 的开度大于 0,即可建立流动。关闭粗糙管和突然扩大管的球阀,打开光滑管的球阀,使水只在光滑管中流动。

(2) 读取数据

鼠标左键点击正或倒 U 形压差计。倒 U 形压差计的取压口与管道上的取压口相连,正 U 形压差计的取压口与孔板的取压口相连。用鼠标上下拖动滚动条即可读数。实验中每一管路均有一倒 U 形管,连续点击图中的倒 U 形管即可在 3 个倒 U 形管中切换。倒 U 形管上方的数字标出了与该管相连的管路。

注意:读数为两液面高度差,单位是 mm。

(3) 记录数据

鼠标左键点击实验主画面左边菜单中的"数据处理",可调出数据处理窗口,点击原始数据页,按标准数据库操作方法在正 U 形压差计和倒 U 形压差计两栏中分别填入从正 U 形压差计和倒 U 形压差计所读取的数据。

注意:如果您使用自动记录功能,则当您点击"自动记录"键时,数据会被自动写入而不需手动填写。

(4) 记录多组数据

调节阀门开度以改变流量,重复上述第 (2)、(3) 步,为了实验精度和回归曲线的需要至少应测量 10 组以上数据。

完成后进入下一步:测量粗糙管数据。

4. 测量粗糙管数据

(1) 粗糙管建立流动

完成光滑管数据的测量和记录后,建立粗糙管的流动。

(2) 测量并记录数据

测量粗糙管的数据与测量光滑管的数据操作步骤相同,重复测量光滑管数据步骤的第 (2)~(4) 步,为了实验精度和回归曲线的需要至少应测量 10 组以上数据。

完成后进入下一步:测量突然扩大管数据。

5. 测量突然扩大管数据

(1) 突然扩大管建立流动

完成粗糙管数据的测量和记录后,建立突然扩大管的流动。

(2) 突然扩大管数据的测量记录

测量突然扩大管的数据与测量光滑管的数据操作步骤相同,重复测量光滑管数据步骤的第 (2)~(4) 步,为了实验精度和回归曲线的需要至少应测量 10 组以上数据。完成后进入数据处理。

注意事项:

① 为了接近理想的光滑管,我们选用了玻璃管,实际上在普通实验室中很少采用玻璃管。

② 为了更好地回归处理数据,请尽量多地测量数据,并且尽量使数据分布在整个流量

范围内。

③ 在层流范围内，用阀门按钮调节很难控制精度，请在阀门开度栏内自己输入开度数值（阀门开度小于 5°）。

④ 对于突然扩大管，我们做了简化，认为阻力系数是定值，不随 Re 变化。

四、数据处理

1. 原始数据记录

由于三组数据的格式相同，请注意不要混淆。

2. 数据计算

填好数据后，如果不采用"自动计算"功能，则可以在数据处理的"设备参数"页得到计算所需的设备参数。

如果要使用"自动计算"功能，在相应的计算结果页点击"自动计算"即可。

数据即可自动计算并自动填入数据库。

3. 曲线绘制

计算完成后，在曲线页点击"开始绘制"即可根据数据自动绘制出曲线。

项目四
传热实验

一、实验原理

参考模块二的相关内容。

二、实验设备及流程

传热实验设备流程如图 4-4 所示,空气经由风机,U 形压差计,进入换热器内管,并与套管环隙中蒸汽换热。空气流量可用流量控制阀调节。

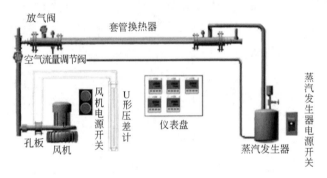

图 4-4 传热实验设备流程图

蒸汽由蒸汽发生器上升进入套管环隙,与内管中空气换热。放气阀门用于排放不凝性气体。在铜管之前设有一定长度的稳定段,是为消除端效应。铜管两端用塑料管与管路相连,是为消除热应力。

本实验装置空气走内管,蒸汽走环隙(玻璃管)。

空气进、出口温度和管壁温度分别由铂电阻(Pt100)测得。测量空气进、出口温度的铂电阻置于进、出口的管中心。测量管壁温度的铂电阻用导热绝缘胶固定在内管外壁两端。孔板流量计的压差由 U 形压差计测得。

本实验蒸汽发生器由不锈钢制成,安有玻璃液位计。发生器加热功率为 1.5kW。

设备参数如下。

① 孔板流量计 流量计算关联式:

$$V = 4.49 R^{0.5} \tag{4-1}$$

式中 R——孔板压差,mmH_2O,$1mmH_2O = 9.80665Pa$;

V——空气流量,m^3/h。

② 换热套管 套管外管为玻璃管,内管为黄铜管。

套管有效长度 1.25m,内管内径 0.022m。

三、实验操作

1. 启动风机

点击电源开关的绿色按钮，启动风机，风机为换热器的管程提供空气。

2. 打开空气流量调节阀

启动风机后，调节空气流量调节阀至微开，这时换热器的管程中就有空气流动了。

3. 打开蒸汽发生器

蒸汽发生器的开关在蒸汽发生器的右侧。鼠标左键单击开关，这时蒸汽发生器就通电开始加热，并向换热器的壳程中供汽。

4. 打开放气阀

打开放气阀，排出残余的不凝气体，使在换热器壳程中的蒸汽流动通畅。

5. 读取空气流量

点击孔板流量计的压差计，出现读数画面，读取压差计读数，经过换算可得空气的流量。

6. 读取温度

在换热管或者测温仪上点击会出现温度读数画面。

读取各处温度数值，其中温度节点 1~9 的温度为观察温度分布用，在数据处理中用不到。蒸汽进出口及空气进出口的温度需要记录。按"自动记录"可由计算机自动记录实验数据。按"退出"按钮关闭温度读取画面。

7. 记录多组数据

改变空气流量调节阀开度，重复以上步骤，读取 8~10 组数据。

实验结束后，先停蒸汽发生器，再停空气。

注意事项：

① 采用数字显示仪表直接显示温度。

② 关于排放不凝气。如果不打开放气阀，理论上套管内的压力应该不断增大，最后爆炸，实际上由于套管的密封程度不是很好，会漏气，所以压力不会升高很多，基本可以忽略。但不凝气的存在对传热影响很大。

③ 蒸汽发生器。对蒸汽发生器的控制和安全问题做了简化。

④ 传热实验有两个流程，另一个管内的介质为水，原理一样，只是流程稍有不同。

四、数据处理

1. 原始数据记录

通过原始数据页在数据处理中输入、编辑原始数据。

2. 数据计算

如果要使用"自动计算"功能，在相应的计算结果页点击"自动计算"，数据即可自动计算并自动填入数据库。

使用手动计算，需要的设备参数，可参见设备参数页。

3. 关联式

自动计算完后，可在"关联式"点击"自动关联"按钮，自动给出准确关联式。

项目五
精馏实验

一、实验原理

参考模块二的相关内容。

二、实验设备及流程

(1) 精馏塔

精馏塔采用筛板结构,塔身用直径 $\phi 57mm \times 3.5mm$ 的不锈钢管制成,设有两个进料口,共 15 块塔板,塔板用厚度 1mm 的不锈钢板,板间距为 10cm;板上开孔率为 4%,孔径是 2mm,孔数为 21;孔按正三角形排列;降液管为 $\phi 14mm \times 2mm$ 的不锈钢管;堰高是 10mm;在塔顶和灵敏板的塔段中装有 WZG-001 微型铜电阻感温计各一支,并由仪表柜的 XCZ-102 温度指示仪加以显示。

(2) 蒸馏釜

蒸馏釜为 $\phi 250mm \times 340mm \times 3mm$ 不锈钢材质立式结构,用两支 1kW 的 SRY-2-1 型电热棒进行加热,其中一支为恒温加热,另一支则用自耦变压器调节控制,并由仪表柜上的电压、电流表加以显示。釜上有温度计和压力计,以测量釜内的温度和压力。

(3) 冷凝器

冷凝器采用不锈钢蛇管式冷凝器,蛇管规格为 $\phi 14mm \times 2mm$、长 2500mm,用自来水作冷却剂,冷凝器上方装有排气旋塞。

(4) 产品储槽

产品储槽规格为 $\phi 250mm \times 340mm \times 3mm$,不锈钢材料制造,储槽上方设有观察罩,以观察产品流动情况。

本实验进料的溶液为乙醇-水体系,其中乙醇占 20%(摩尔分数)。

溶液在储液罐中储备,用泵对塔进行进料,塔釜用电热器加热,电热器的电压由控制台来调整,见图 4-5。

塔釜的蒸汽到塔顶后,由塔顶的冷凝器进行冷却(在仿真实验中设置为常开,无需开关冷却水阀),冷却后的冷凝液进入储液罐,用回流的阀门及产品收集罐的阀门开度来控制回流比。产品进入产品收集罐。塔的压力由恒压调节阀来调节(在塔压高的时候可打开阀门进行降压,一般塔压控制在 121kPa 以下)。

三、实验步骤

1. 全回流进料

(1) 打开泵开关

在控制台上用鼠标左键点击泵电源开关的上端(带白点的一端),打开泵电源开关。

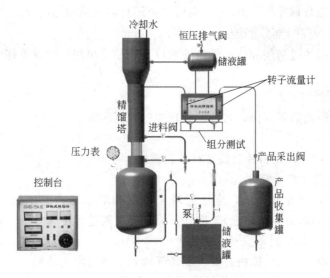

图 4-5　精馏实验设备流程图

(2) 打通进料的管线

依次打开阀门 1、2、3，向塔釜进料，进料至液位计的红点（正常液位标志）位置，完成进料。

2．塔釜加热升温

全回流进料完成后，开始加热。

首先点击加热电源开关上端，打开加热电源开关。

用鼠标点击加热电压调节手柄，左键增加电压，每点击一次加 5V，右键减少电压，每点击一次减 5V。或者在电压显示栏内用左键点击一下，输入所需的电压（0～350V），然后在控制台窗口的空白处左键点击即可完成输入。

3．建立全回流

(1) 注意恒压

加热开始后，回流开始前，应注意塔釜温度和塔顶压力的变化。当塔顶压力超过 101.3kPa 很多时（例如 10kPa 以上），应打开恒压排气阀进行排气降压。

此时应密切注视塔顶压力，当降到 101.3kPa 时，应马上关闭。

注意：回流开始以后就不能再打开衡压排气阀，否则会影响结果。

(2) 塔顶的冷却水默认全开

当塔釜温度达到 91℃左右时，开始有冷凝液出现（在塔顶及储液罐之间有细线闪烁）。此时鼠标左键点击回流支路上的转子流量计。

鼠标左键点击转子流量计上的流量调节旋钮，左键增加，右键减少。也可以在开度显示框内填入所需的开度（0～100，分数），然后在流量计上左键点击即可。调节阀的开度到 100，开始全回流。

4．读取全回流数据

鼠标左键点击"组分测试"可看到组分含量（真实实验用仪器检测，此处简化）。开始全回流 10min 以上，组分基本稳定达到正常值。

当组分稳定以后，鼠标左键点击主窗口左侧菜单"数据处理"，在"原始数据"页填入数据（方法详见标准数据库操作方法）。也可以使用自动记录功能进行记录。

5．逐步进料，开始部分回流

逐渐打开塔中部的进料阀和塔底的排液阀以及产品采出阀，注意维持塔的物料平衡、塔釜液位和回流比。

6．记录部分回流数据

请参考记录全回流数据部分，将数据处理中的数据填好。

注意事项：

① 简化掉配液过程，原料液直接装在原料罐内。

② 加热电源开关由两个简化为一个。

③ 加热开始后，回流开始前，应注意塔釜温度和塔顶压力的变化。当塔顶压力超过101.3kPa 很多时（例如 10kPa 以上），应打开恒压排气阀进行排气降压。此时应密切注意塔顶压力，当降到 101.3kPa 时，应马上关闭。

注意：回流开始以后就不能再打开恒压排气阀，否则会影响结果。

④ 对于产品的检验，有些学校使用色谱仪，有些学校使用折光仪，各不相同，仿真实验中为了简化直接给出了产品的摩尔分数。

四、数据处理

全回流和部分回流的数据处理基本相同。

在原始数据处可看到自动记录的数据（或手工记录后填写的数据）。

在计算结果项处可看到自动计算的结果，也可以把手工计算的结果填入数据栏中（可由此数据画出特性曲线）。

在理论板数项中可由计算结果中的数据画出精馏塔的特性曲线。

项目六
吸收实验

一、实验原理

参考模块二的相关内容。

二、实验设备及流程

吸收实验设备和流程见图 4-6。

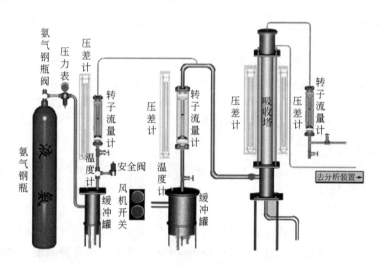

图 4-6 吸收实验设备和流程图

设备参数如下。

基本数据：塔径 $\phi 0.10m$，填料层高 $0.75m$。

填料参数：$12mm \times 12mm \times 1.3mm$ 瓷拉西环，a 为 $403m^{-1}$，ε 为 0.764，a/ε^3 为 $903m^{-1}$。

尾气分析所用硫酸体积：$1mL$，浓度：$0.00484mol/L$

图 4-6 是吸收实验装置界面，氨气钢瓶来的氨气经缓冲罐、转子流量计与从风机来经缓冲罐、转子流量计的空气汇合，进入吸收塔的底部，吸收剂（水）从吸收塔的上部进入，二者在吸收塔内逆向流动进行传质。

从塔顶出来的尾气进到分析装置进行分析，分析装置由稳压瓶、吸收盒及湿式气体流量计组成。稳压瓶是防止压力过高的装置，吸收盒内放置一定体积的稀硫酸作为吸收液，用甲基红作为指示剂，当吸收液到达终点时，指示剂由红色变为黄色。

三、实验步骤

1. 启动风机，开始送风

点击电源开关的绿色按钮接通电源，就可以启动风机，并开始工作。

2. 调节空气流量，测量干塔压降

(1) 调节空气流量

打开空气流量调节阀，调节空气流量。由于气体流量与气体状态有关，所以每个气体流量计前都有压差计（测表压）和温度计，和流量计共同使用，转换成标准状态下的流量进行计算和比较。将空气流量调节阀的开度调节到100，稍许等待，进行下一步。

(2) 读取数据

鼠标左键点击空气的转子流量计，读取空气的流量。

鼠标左键点击空气的压差计，读取空气的当前流量下的压差。

鼠标左键点击空气缓冲罐上的温度计，读取温度。

鼠标左键点击吸收塔两侧的压差计分别读取塔的压降和塔顶的压力，左边的压差计指示塔的压降，右边的压差计指示塔顶压力。

(3) 记录数据

鼠标左键点击实验主画面左边菜单中的"数据处理"，可调出数据处理窗口，点击干塔数据页，按标准数据库操作方法在各项目栏中填入所读取的数据，也可以使用自动记录功能进行自动记录。

3. 进水，测量湿塔压降

(1) 降低空气流量

干塔压降测量完毕后，在进水之前，应减少空气流量，因为如果空气流量很大，会引起强烈的液泛，有可能损坏填料。

(2) 进水，湿润填料

打开水流量调节阀，调节进水的流量（建议80L/h）。然后慢慢增大空气流量直到液泛，鼠标左键点击塔身可看到塔内的状况。液泛一段时间使填料表面充分润湿，然后减小气量到较少的水平。

注意：本实验是在一定的喷淋量下测量塔的压降，所以水的流量应不变。在以后实验过程中不要改变水流量调节阀的开度。

(3) 读取数据

测量湿塔的压降与测量干塔的压降所读取的数据基本一致，参见"测量干塔压降"的"读取数据"，至于多了一项水的流量，点击水的转子流量计即可读取。

逐渐加大空气流量调节阀的开度，增加空气流量，多读取几组塔的压降数据。同时注意塔内的气液接触状况，并注意填料层的压降变化幅度。液泛后填料层的压降在气速增加很小的情况下明显上升，此时再取1~2个点就可以了，不要使气速过分超过泛点。

4. 传质系数测定

建议的实验条件：

水流量：80L/h； 空气流量：20m^3/h； 氨气流量：0.5m^3/h。

以上为建议实验条件，不一定非要采用，但总体上要注意气量和水量不要太大，氨气浓度不要过高，否则会引起数据严重偏离。

(1) 通入氨气

将鼠标移动到钢瓶阀上，鼠标会变成扳手形状，此时左键点击打开，右键点击关闭（不能在此调节流量）。氨气流量计前也有压差计和温度计，用氨气调节阀调节氨气流量（实验建议流量：$0.5m^3/h$）。

(2) 进行尾气分析

通入氨气后，鼠标左键点击实验主窗口右边的命令键"去分析装置"，进入分析装置画面。

打开考克，让尾气流过吸收盒，同时湿式气体流量计开始计量体积。当吸收盒内的指示剂由红色变成黄色时，立即关闭考克，记下湿式气体流量计通过的气体的体积和温度。

(3) 读取数据

按照数据处理的要求读取各项数值，按标准数据库操作方法在各项目栏中填入所读取的数据，也可以用自动记录功能记录数据。

四、数据处理

在流体力学和吸收数据项可看到自动记录的数据（或手工记录后填写的数据）。

在实验结果项（吸收系数）处可以看到自动计算的结果（点击键可自动计算），也可以把手工计算的结果填入数据栏中。

在数据曲线项可自动绘制出压降和空气速率的曲线。

项目七
干燥实验

一、实验原理

参考模块二的相关内容。

二、实验设备及流程

主要设备规格如下。

孔板流量计：管径106mm，孔径68.46mm，孔流系数0.6655；

干燥室尺寸：0.15m×0.20m。

实验流程如下。

空气由风机，经孔板流量计、电加热器送入干燥室，然后返回风机，循环使用，由吸气口吸入一部分空气，由排气口排出一部分空气，以保持系统湿度恒定，由蝶型阀控制空气流量。电加热器由继电器控制，使进入干燥室空气的温度恒定，干燥室前方装有干、湿球温度计，风机出口及干燥室后也装有温度计，都用以确定干燥室的空气状态，见图4-7。

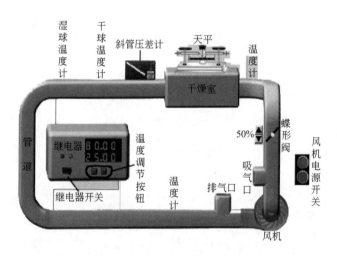

图4-7 干燥实验设备和流程图

三、实验步骤

1. 启动风机

鼠标左键点击风机电源开关的绿色键，接通电源，启动风机。

鼠标左键点击斜管压差计可以看到放大的画面，然后可以调节蝶型阀的开度来调节风量。

注意：禁止在启动风机以前加热，这样会烧坏加热器。

2. 开始加热

开启风机后，鼠标左键点击继电器的开关，可以看到开始加热，温度升高。可以用温度调节按钮调节加热温度，左边的键增加，右边的键减小。达到要求的温度后，继电器会自动保持给定的温度，然后进行下一步。

3. 进行干燥实验

实验开始时，在温度达到要求后，干燥室内挂一张充分润湿的纸板，上面与天平的一个托盘下部相连，另一个托盘放砝码。先使天平平衡，然后减去一定质量的砝码，平衡被破坏，但随着纸片被热风干燥，质量减少，当干燥的水分质量与减去的砝码质量相同时，天平会恢复平衡，然后向另一端倾斜，这时记下所用的时间，就可以计算出干燥速率。不断减去砝码，记录时间就可以计算并描绘出干燥速率曲线。

真实的实验操作，应由三个人分工协作，一个人减砝码，一个人计时，一个人记录数据。为了在计算机上操作简便，作了简化，只需一个人点击一个按钮就可以完成三个人的工作，因此本实验的自动记录功能是打开的。

在实验主窗口干燥室的天平上点击鼠标左键，即可调出天平画面。

实验中，第一次按记录键向干燥室内挂好纸片，这时天平会倾斜，待天平再次平衡后按记录键记录下时间，同时自动减去 1g 砝码，天平再次倾斜，重复上述步骤。当单位计时超过 360s 时，可结束实验，进入数据处理。

注意事项：如果实验当中有一个数据的记录发生错误，按照实验的规程，所有数据作废，应该重新开始实验。

四、数据处理

在原始数据项可看到自动记录下的数据。

在计算结果处可看到自动计算出的结果。

在特性曲线上可看到干燥速率的曲线（点击"开始绘制"键可自动绘制出曲线）。

项目八
过滤实验

一、实验要求

① 了解板框压滤机的构造和操作方法。
② 掌握恒压过滤常数的测定方法。

二、基本原理

参考模块二的相关内容。

三、实验设备及流程

过滤实验的实验设备和流程见图 4-8。

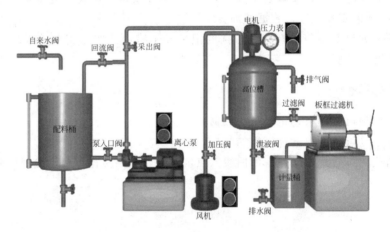

图 4-8 过滤实验的实验设备和流程图

设备参数如下。
板框数：10。
总过滤面积（m^2）：0.8。
滤板尺寸（mm）：300×300。
过滤压力（MPa）：0.15。
电机功率（kW）：1.1。
风机功率（kW）：1.1。
配料桶底面积（m^2）：0.5。
计量桶底面积（m^2）：0.5。

四、实验步骤

① 打开自来水阀,往配料桶供水。

② 启动离心泵,打开回流阀,将悬浮液搅拌均匀。

③ 当悬浮液搅拌均匀后,打开高位槽的排气阀和采出阀,向高位槽输送悬浮液。

④ 启动风机,打开加压阀,给高位槽加压,点击压力表可显示高位槽压力,当压力在 0.1~0.3MPa 时,将加压阀与排气阀开度保持一致,使高位槽压力稳定,打开搅拌电机开关。

⑤ 点击板框压滤机右边的旋柄,压紧板框。

⑥ 打开过滤阀,即可开始过滤,点击计量桶,并观察液位。本实验自动记录默认打开,点击自动记录按钮即可记录数据。

⑦ 点击左侧菜单的数据处理按钮,可查看自动记录的原始数据。

⑧ 点击显示计算结果画面,再点击自动计算按钮,即可得到计算结果。

⑨ 点击显示数据曲线画面,再点击开始绘制按钮,即可得到数据曲线。

⑩ 点击显示实验参数画面,可查看本实验各设备的参数。

参 考 文 献

[1] 史贤林,等.化工原理实验.2版.上海:华东理工大学出版社,2015.
[2] 杨祖荣.化工原理实验.2版.北京:化学工业出版社,2014.
[3] 林华盛,等.化工原理实验.北京:化学工业出版社,2011.
[4] 吴晓艺,等.化工原理实验.北京:清华大学出版社,2013.
[5] 伍钦,等.化工原理实验.3版.广州:华南理工大学出版社,2014.
[6] 张金利,等.化工原理实验.2版.天津:天津大学出版社,2016.
[7] 马江权,等.化工原理实验.3版.上海:华东理工大学出版社,2016.
[8] 王红梅,等.化工单元操作实训.北京:化学工业出版社,2016.
[9] 陈海涛.化工单元操作综合实训.北京:化学工业出版社,2018.